国家自然科学基金（51504256）
国家"十二五"科技支撑计划（2013BAB02B04）

高浓度胶结充填采矿理论与技术

徐文彬　宋卫东　著

U0326272

北　京
冶金工业出版社
2016

内 容 提 要

本书系统阐述了高浓度胶结充填采矿法所涉及的基本理论与技术问题,内容主要包括:高浓度胶结充填材料特征指标、高浓度胶结充填料浆输送、高浓度胶结料浆固结硬化机制、高浓度嗣后充填采场稳定性分析、高浓度胶结充填体与围岩作用机理、高浓度胶结充填采场稳定性控制技术及应用。

本书可作为采矿工程本科高年级学生的专业课教材,适合采矿工程、资源开发与规划、固体资源综合利用、矿业工程等专业的师生使用,也可供从事采矿科研、矿山设计以及现场生产等工作的工程技术人员参考。

图书在版编目(CIP)数据

高浓度胶结充填采矿理论与技术/徐文彬,宋卫东著 . —北京:
冶金工业出版社,2016.1
ISBN 978-7-5024-7150-7

Ⅰ. ①高… Ⅱ. ①徐… ②宋… Ⅲ. ①胶结充填法—矿山开采
Ⅳ. ①TD853. 34

中国版本图书馆 CIP 数据核字(2016)第 021090 号

出　版　人　谭学余
地　　　址　北京市东城区嵩祝院北巷 39 号　邮编　100009　电话　(010)64027926
网　　　址　www. cnmip. com. cn　电子信箱　yjcbs@ cnmip. com. cn
责任编辑　李维科　美术编辑　彭子赫　版式设计　孙跃红
责任校对　李　娜　责任印制　牛晓波
ISBN 978-7-5024-7150-7
冶金工业出版社出版发行;各地新华书店经销;固安华明印业有限公司印刷
2016 年 1 月第 1 版, 2016 年 1 月第 1 次印刷
169mm×239mm;14 印张;272 千字;213 页
48. 00 元

冶金工业出版社　投稿电话　(010)64027932　投稿信箱　tougao@ cnmip. com. cn
冶金工业出版社营销中心　电话　(010)64044283　传真　(010)64027893
冶金书店　地址　北京市东四西大街 46 号(100010)　电话　(010)65289081(兼传真)
冶金工业出版社天猫旗舰店　yjgycbs. tmall. com
(本书如有印装质量问题,本社营销中心负责退换)

前　言

采用高浓度全尾砂胶结充填地下空区是解决极厚深埋矿体、矿柱回采时贫化率高、损失率大、"三下"资源开采安全性低以及深部岩体地压控制难等问题的有效途径。充填成本高一直是制约胶结充填法应用的主导因素，且随着选矿技术的提高，全尾砂组成中细颗粒含量比重增加，颗粒级配越来越细，对胶结充填体强度影响越来越大，直接导致同等条件下的胶结充填体强度急剧降低，因而很难达到维护采场安全的要求。选择合理的充填体强度不仅要满足维持采场与围岩的力学作用平衡，同时还要避免充填体强度过剩而造成的充填成本浪费。水化反应不仅与胶结材料性能息息相关，同时还受充填材料级配影响，细颗粒含量越多，颗粒比表面积越大，与水化反应的接触面越广，所需的水化反应周期相应变长。因此加强对超细或较细全尾砂胶结材料的料浆制备、输送，料浆的固结硬化机理及其与围岩强度匹配等方面的研究，有利于高浓度胶结充填采矿理论与技术的推广与应用。

随着矿山选矿技术的提高以及国外大型无轨设备的引进，国内一些千万吨级规模的矿山开始设计并投资建设，这对高浓度胶结充填理论和技术发展提出了更高的要求，特别是针对超细或细粒级尾砂料浆制备、输送、固结硬化成岩机制、胶结充填体强度选定以及采场开采规模与地压控制等方面。

本书基于著者及合著者多年积累的研究成果基础上完成，全面系统地总结了当今国内外高浓度胶结充填采矿理论与技术的研究进展及所面临的问题与挑战；基本形成了表征全尾砂充填材料及其主要特征的指标体系；揭示了高浓度全尾砂胶结料浆自流输送特性及全尾砂胶结料浆固结硬化机理；并对井下阶段嗣后充填采场稳定性及控制技术进行了分析；揭示了胶结充填体与围岩作用机理，研究结果在大冶铁矿、程潮铁矿以及马钢和睦山铁矿、招远大尹格庄金矿等矿山得到了成功应用。

本书获得了国家自然科学基金（项目批准号：51504256）和国家"十二五"科技支撑计划（课题编号：2013BAB02B04）基金资助。在本书撰写过程中，王家臣教授、侯运炳教授、杨宝贵教授给予了各种帮助和关心；北京科技大学王东旭博士、张春月博士、吴姗博士等提供了书中部分章节技术资料，同时还提出了许多建设性的修改意见，谨在此表示衷心感谢！

由于作者水平所限，书中不足之处，恳请读者批评指正。

著　者

2015 年 11 月

目　　录

1 绪 论

1.1 胶结充填采矿技术应用现状

1.1.1 国内胶结充填采矿技术应用现状

我国尾砂充填技术的应用开始于 20 世纪 60 年代中期。自 1964 年从瑞典为凤凰山铜矿引进分级尾砂充填（未设砂仓）技术之后不久，长沙矿山研究院与凡口铅锌矿合作建成了我国第一个尾砂充填系统，此后相继研究出并成功推广应用了全尾砂胶结充填、废石胶结充填、赤泥胶结充填、高水固化胶结充填和膏体泵送胶结充填等工艺和技术。

从充填工艺与技术的发展过程来看，可概括为 4 个发展阶段。

第一阶段是 20 世纪 50 年代以前，采用的废石干式充填工艺，其目的主要是进行废弃物处理。废石干式充填采矿法是 20 世纪 50 年代初期到中期国内采用的主要采矿方法之一，在有色金属矿床和黑色金属矿床地下开采中运用较广，后随着回采技术的发展，废石充填因其效率低、生产能力小和劳动强度大而被逐渐淘汰，到 1963 年其在有色矿山担负的产量仅占 0.7%。

第二阶段是 20 世纪 60 年代，在此期间主要采用水砂充填工艺。1965 年，锡矿山南矿首次采用尾砂水力充填采空区，有效地控制了大面积地压活动，从而减缓了地表下沉。其后湘潭锰矿为了防止矿坑内因火灾，开始采用碎石水力充填工艺。到 80 年代后，60 余座有色金属（含黄金）、黑色金属矿山广泛推广应用分级尾砂充填工艺与技术，如铜录山铜铁矿、山东招远金矿、凡口铅锌矿、安庆铜矿、张马屯铁矿、三山岛金矿等。

第三阶段是 20 世纪 60～70 年代，采用尾砂胶结充填技术。随着对充填材料特性和两相流输送理论的大量试验与研究，逐渐解决了生产中出现的跑浆、料浆离析以及充填体强度低等问题，促进了胶结充填技术的发展。70 年代后期，人们开始探索实现高浓度充填技术的途径，学者们进行了利用全尾砂（未分级）作为充填材料的研究。20 世纪 80 年代，由于细砂胶结充填兼有胶结强度和适于管道输送的特点，其工艺与技术日臻成熟，运用该充填法的矿山越来越多，如凡口铅锌矿、小铁山铅锌矿、黄沙坪铅锌矿等 20 多座矿山。

第四阶段是 20 世纪 80～90 年代，出于降低采矿成本和环境保护等原因，发展成高浓度充填、膏体充填和全尾胶结充填等技术。在凡口铅锌矿成功开发试验了全尾砂胶结充填工艺，并于1990年建成了我国第一个全尾砂胶结充填系统，尾砂利用率达90%以上。1994年，膏体充填试验成功并在金川镍矿建成了第一套膏体充填系统，标志着我国胶结充填技术迈上了一个新的台阶。1999年又在铜录山铜矿建成了第二套全尾砂膏体充填系统。2006年，会泽铅锌矿引进了深锥浓缩机，建成了输送管路长达4000m的全尾砂膏体充填系统。

对于高水固结尾砂充填采矿新工艺的研究，中国矿业大学北京研究生院首先在鹤壁矿务局和开滦矿务局进行上向和下向进路回采试验并取得成功，逐步在焦家金矿、招远金矿和南京铅锌银矿等矿山推广应用。充填料浆制备系统如图1-1所示，胶结充填室内自动监控系统如图1-2所示。

图1-1　充填料浆制备系统

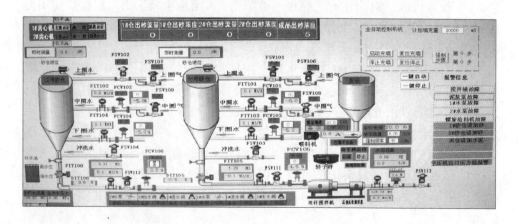

图1-2　胶结充填室内自动监控系统

1.1.2 国外胶结充填采矿技术应用现状

胶结充填最早出现在 20 世纪 30 年代，加拿大原诺兰达公司霍恩（Horn）矿用粒状炉渣和脱泥尾矿加入磁黄铁矿组成胶结充填料；加拿大泰克柯明柯公司苏里文（Sullivan）矿用地表砾石、掘进废石、重介质尾矿和硫化物尾矿作为胶结充填料；前苏联库茨巴斯煤田用低标号混凝土充填窒息内因火灾，但因种种原因这些探索均未能得到推广应用。直到 1957 年加拿大原鹰桥公司哈迪（Hardy）矿用分级尾砂加硅酸盐水泥作为胶结充填料试用成功，才使胶结充填技术达到生产实用阶段。1960 年加拿大国际镍公司开始试验用波特兰水泥固结水砂充填料的技术，并于 1962 年在 Frood 矿投入生产使用。1969 年芒特爱萨铜矿首次采用水泥胶结充填回采底柱，同时进行了水泥替代品的研究。全尾砂胶结充填技术首先在德国、南非取得成功，随后在前苏联、美国和加拿大等国得到应用。此后几十年时间里，这一技术的发展非常迅速，在国外充填法应用较广。

加拿大地下矿山充填技术从 20 世纪 30 年代开始，普遍用冲积砂作为充填料，到 40 年代末广泛采用选厂冲积尾砂进行充填。50 年代中期到末期，用尾砂胶结充填浇面作为出矿底板，采用分层水砂充填代替劳动强度大且灵活性差的方框支架采矿法。80 年代初加拿大地下开采的金属矿山中，用充填法的比例为 35%~40%。1985~1991 年加拿大在充填材料、充填工艺方面的研究取得了很大的成就。相继采用块石胶结充填、高浓度管道输送充填、膏体充填等，不仅提高了矿山的综合生产能力、降低了充填成本，而且改善了井下的生产环境。

南非的许多矿山在 20 世纪 80 年代初期开始应用胶结充填工艺，整个 80 年代是南非充填工艺发展最快时期，主要有废石胶结充填、脱泥尾砂胶结充填等，并开始进行高浓度管道充填和膏体充填的研究和应用。

1.2 胶结充填理论研究现状

1.2.1 高浓度料浆流变特性

物料在管道中不同位置的流动状态，依流速可大致分为"结构流"、"层流"和"紊流"，输送特性不同于两相流的运动规律。当料浆浓度达到一定程度时，料浆变得很黏，沿管道输送特性发生很大的变化，料浆的运动状态呈现"柱塞"整体移动，管道沿程阻力损失与流速关系变得更复杂。国内外研究证实，管道输送高浓度（膏体）料浆时的雷诺数远低于从层流过渡到紊流的雷诺数，高浓度料浆流变模型宜采用 Hershel-Bulkley 模型，简称 H-B 模型。

研究高浓度料浆的流变性能是当今充填理论的重要研究课题，传统的流体力学理论已不适合研究高浓度料浆流变性能，流变学主要研究材料在应力、应变、温度、辐射等条件下与时间因素相关的变形和流动的规律，20 世纪 20 年代主要运用在橡胶、塑料、石油等材料中。高浓度（膏体）料浆流变特性的研究内容主要包括料浆流变模型、屈服应力、黏度和触变性等。

料浆在剪切力的作用下，切变率和切应力间的关系简称流型，切变率与切应力呈线性关系的流体称为牛顿体；把切变率与切应力呈非线性关系的流体称为非牛顿体。高浓度（膏体）料浆属于非牛顿体，根据流变特性，不同非牛顿体可分为宾汉姆体、伪塑性体、膨胀体和具有屈服应力的伪塑性体等。

浆体产生屈服应力的原因是由于悬浮液中的黏性细颗粒在水中发生物理化学作用形成了具有一定抗剪切能力的絮网状结构，产生屈服应力的料浆浓度与细颗粒的粒径和含量有关，颗粒越细或含量越高，出现屈服应力的浓度也越低；屈服应力值和剪切时间、剪切速率有关；屈服应力值大小与受力状态有关，如果输送料浆受到剪切作用，则其三维絮网状结构受到破坏，测得的屈服应力便为动态屈服应力；如果在测定前料浆没有受到剪切作用，只是由于很小的应力导致测定装置的转子发生转动，该值便为静态屈服应力。静态屈服应力要大于动态屈服应力。对于浆体的管道输送，动态屈服应力值更加准确和适用。

黏度反映了料浆流动时本身内摩擦角的大小，是流体分子微观作用的宏观表现，产生黏度的主要原因有：分子不规则运动的动量交换；分子间的附着力形成的切应力。对非牛顿体，黏度要用两个或三个参数来表述，一般情况下，学者们常用"表观黏度"和"有效黏度"来评价料浆流动的难易程度。

表观黏度 μ_a 为：

$$\mu_a = \tau \Big/ \left(\frac{\mathrm{d}u}{\mathrm{d}y} \right) \tag{1-1}$$

式中 τ——屈服应力，Pa；

$\dfrac{\mathrm{d}u}{\mathrm{d}y}$——剪切速率，$s^{-1}$。

牛顿体的表观黏度与切变率无关，宾汉姆体和伪塑性体的 μ_a 随切变率的增加而减小，即流体出现"剪切稀化"特性；膨胀体则相反，随切变率的增加而表现出"剪切硬化"特性。

宾汉姆体和伪塑性体的有效黏度 μ_e 分别为：

$$\mu_e = \eta \left(1 + \frac{\tau_0 D}{6v\eta} \right) \tag{1-2}$$

$$\mu_e = K \left(\frac{3n+1}{4n} \right)^n \left(\frac{8v}{D} \right)^{n-1} \tag{1-3}$$

式中 η——刚度系数或塑性黏度系数，Pa·s；

τ_0——屈服应力，Pa；

D——管径，m；

v——平均流速，m/s；

K——稠度系统或 H-B 黏度，Pa·s；

n——流动指数。

浆体产生黏性的内因众多，与固体颗粒的大小、分布、浓度、固体颗粒与液体分子间的动量交换等因素相关。

非牛顿体在输送过程中还表现触变性，流体触变性是指在给定的剪切速率和温度条件下，切应力随时间而减小，即表观黏度随切应力时间的持续而减小。其原因是切应力正在逐渐破坏流体静止状态时的絮状三维网结构，剪切速率越高，破坏的过程越快。具有触变性的流体，搅动时变稀（剪切稀化），而静止时变稠，表现在流动曲线上为一触变环，即剪切速率降低时的曲线与剪切速率增加时的曲线不重合，下行曲线偏向剪切速率轴一侧，触变环所围成的面积表示触变性的大小。对于浆体来说，触变性受颗粒大小和形状的影响。

流变性能与料浆的浓度有关，金川的试验证明，随着料浆浓度的增高，其流变特性是逐渐发生变化的，当浓度超过"临界流态浓度"时，料浆性质发生质的变化，从非均质的固、液两相流转变为似均质的结构流。不同高浓度的料浆，流变模型不同，金川的高浓度料浆属于宾汉姆型。通过间接方法可知，与普通料浆输送相比，高浓度料浆输送过程中不产生离析，对管壁磨损更小，这是由于高浓度胶结充填体与管壁间形成了一层水泥浆膜，料浆呈"柱塞"状流动时，颗粒间不发生相对速度，只有润滑层的速度有变化，如图 1-3 所示。

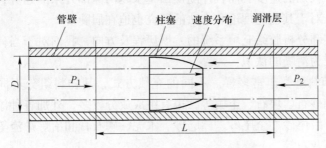

图 1-3 结构流动力模型与速度分布

影响高浓度料浆输送阻力的因素众多，灰砂比、输送速度、输送压力、粒径以及级配等。

1.2.2 胶结充填系统

1.2.2.1 胶结充填系统概述

最近 20 年来，关于充填系统的基础理论研究有了更为深入的进展，充填工艺和设备水平都有了显著提高。在国家政策越来越强调资源节约和环境友好的大背景下，越来越多的矿山采用相关充填采矿方法，故充填技术进步飞速，尤其以胶结充填类型为主的充填方式的推广应用为多。现今虽无统一的胶结充填分类方法和命名，但一般以惰性材料级配和料浆浓度为主线进行分类，故当代胶结充填可分为细砂胶结充填和粗砾胶结充填两类。其中，细砂胶结充填包含低浓度尾砂胶结充填、高水速凝尾砂胶结充填、全尾砂高浓度胶结充填和全砂土似膏体胶结充填等。粗砾胶结充填有低强度混凝土充填、块石砂浆胶结充填、碎石水泥浆胶结充填等。此外，在煤炭矿山系统中出现了新式的冻结充填。不同的矿床地质条件，采用不同的充填方法，所以上述方法在采矿工程中的应用是很广泛的。新生事物的发展总是有它的有利方面，胶结充填工艺也是如此，它的推广使用给矿山开采带来了诸多的利好。胶结充填使矿山生产的安全性得到了保障，稳固了回采工作面，降低了围岩产生岩爆的可能性；使矿山生产的经济效益得到提高，不仅能够降低采矿成本，更大大降低了开采的贫损指标；还使得开拓的废石、选矿的废料得以有效利用。也正是由于胶结充填为矿山安全、环保、经济地开采提供了保障，才能被广泛推广应用，围绕胶结充填也提出了很多值得研究的课题，引领着新时代采矿新技术的前进目标。

在胶结充填系统中，绝大多数是以水力输送的方式将充填料或者料浆利用自重或者泵压送至采场（采空区）。水力输送有着很多的优点，包括输送能力大、方法便捷、所需空间少、环保性好、易于实现自动化甚至数字化等。目前，在两相流或多相流理论的基础上，辅以流体动力学的相关研究成果，我国在管道输送技术方面有了长足的进步。而且伴随矿山越来越向深部开采的趋势，胶结充填显得尤为重要，对于其输送理论和方法的研究也迫在眉睫。

仔细研究和分析胶结充填系统的发展历程及方向，我们对于当代胶结充填系统的特点有较为清晰的认识：

（1）充填料种类丰富多样。不同的充填方式，其物料组分不同。有的组分较为简单，如砂石、块石、土壤等，也有组成成分较多，外加各种添加剂的，如物料组分有分级尾砂、全尾砂、棒磨砂、水泥、磷石膏和冶炼炉渣等，添加剂有速凝材料、石灰石等。

（2）充填系统中所用物料的粒径大小不等，数值范围较广。每种物料的最小粒径基本接近于零，而其最大值则各有不同。例如：尾砂充填粒径最大值为0.1mm，砂浆充填粒径最大值为10mm，水砂充填粒径最大值为80mm。

（3）充填料浆的质量浓度变化也比较大。对于不同的固体物料，浓度大小是有要求的，因为浓度太小不能保证充填体的强度，太高则在输送过程中易堵管。下面给出几种充填方式的参考质量浓度：水砂充填一般取40%，上下可浮动10%左右；尾砂充填料一般取75%左右，变化区间不大；膏体充填则会高些，一般取80%左右，上下可浮动5%。

（4）一般情况下，矿山会选用依靠自重来输送料浆的方式，这样有利于降低成本。但对于长距离低高程的管路系统，必须通过安装泵来施加一定的压力。

（5）充填料浆在输送过程中并不是一直处于正常的流动状态。影响回采的因素不同，将使充填料浆输送发生改变。即便对于采空区，不同时间不同地点，它的体积不一样，所需要料浆的量也会不一样，需求少则输送耗时也会少很多，但需求大的话，耗时将明显增加。

（6）料浆出口点会经常改变，因为充填系统是为整个矿山或者多个回采空区输送料浆的，它的变化范围是根据不同矿床形状、矿房位置以及回采进度来决定的。

（7）对于充填系统，我们一般认为是满管流输送，但其实不然，这是很难满足的条件。这也就致使料浆在输送过程中并不是理想的两相流流体，而形成了固-液-气多相流，其流动状态难以把握。

（8）研究表明，在固-液-气三向流的情况下，管道内壁与料浆的摩擦会比较大，磨损率较高。而磨损较大的地方，一般在管道上部外侧的法向方向和下部转弯处的弯管外侧。

1.2.2.2 几种典型胶结充填系统简介

结合部分矿山现有充填系统的运行情况、工艺参数和经济指标，给出以下三种较为典型的充填系统，它们分别为全尾砂高浓度胶结充填系统、膏体泵送胶结充填系统和膏体自流输送胶结充填系统，如图1-4～图1-6所示。

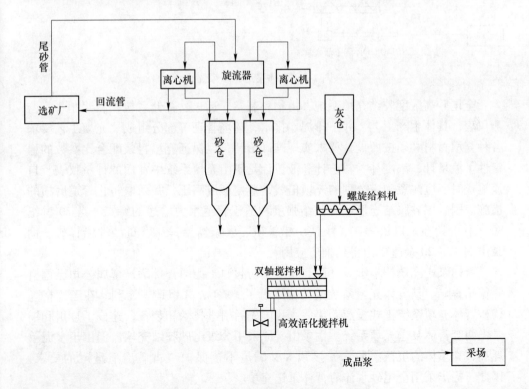

图 1-4　大冶铁矿高浓度胶结充填系统

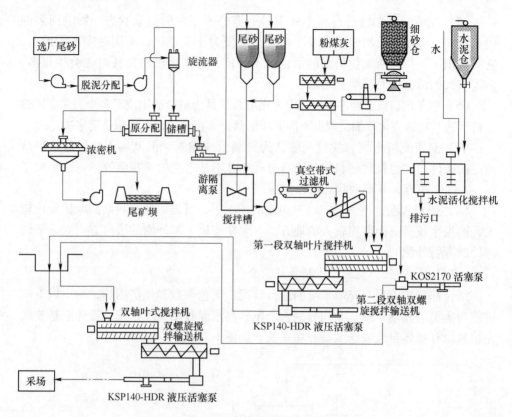

图 1-5 膏体泵送充填系统

全尾砂高浓度胶结充填系统，由物料制备、运送、存储系统，料浆制备，监测仪表，具体生产工艺，井下排泥、排水，环境管理等部分组成。充填工艺要求各种充填材料必须按照设计要求实现准确给料，以保证充填料浆配合比参数的稳定性。流量计、浓度计、料位计和液位计是矿山充填系统中常用的计量仪表。自流输送时，应注意确定合理的充填倍线，避免形成高压，并采取防止管道磨损的措施。因全尾砂胶结充填兼有胶结强度和适于管道水力输送的特点，自 20 世纪 80 年代开始在凡口铅锌矿、小铁山铅锌矿、康家湾铅锌矿、黄沙坪铅锌矿、铜录山铜矿等 20 余座矿山得到推广应用。

膏体泵送充填技术于 20 世纪 80 年代初起源于德国普鲁萨格金属公司巴德格隆德铅锌矿，其膏体充填系统成功地运行了 10 年，并申请了专利。在巴德格隆德矿膏体充填系统正式投产 5 年后，我国先后引进技术和装备，建成了金川和铜录山两套膏体泵送充填系统。铜录山矿原采用分级尾砂胶结充填，但由于水泥单耗高，充填体的沉降、脱水、接顶等又满足不了保护"古矿冶遗址"的要求，因此，提出采用全尾砂水淬渣膏体泵送充填。

膏体泵送充填系统，其工艺流程主要包括物料准备、定量搅拌制备膏体、泵

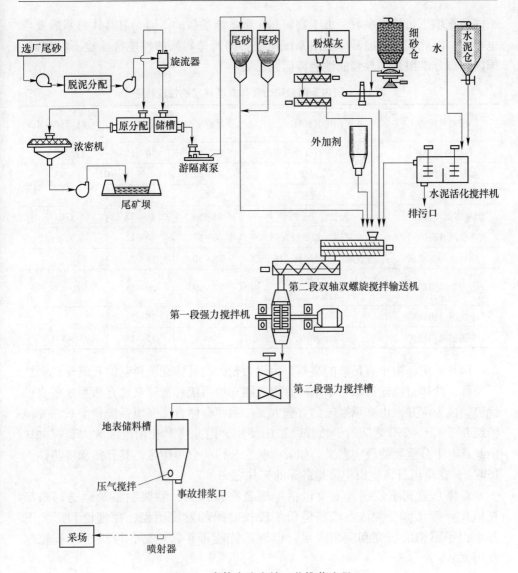

图 1-6　膏体自流充填工艺推荐流程

压管道输送、采场充填作业几个部分。使用该系统，需要着重考虑一个综合指标即可泵性，膏体充填料的可泵性即膏体充填料在管道泵送过程中的工作性，包括流动性、可塑性和稳定性。流动性取决于膏体充填料的浓度及粒度级配，反映其固相与液相的相互关系和比率；可塑性是膏体充填料在外力作用下克服屈服应力后，产生的非可逆变形的一种性质；稳定性是膏体充填料抗离析、抗沉降的能力。一般用塌落度来判别膏体充填料的可泵性。

世界范围内采用膏体充填工艺的矿山很多，不同的矿山有不同的物料条件和不同的充填工艺技术参数。由于物料和充填系统参数的不同，对膏体料浆的要求也不同，因此，不同的膏体充填系统所需要的膏体料浆的性能特征也不尽相同。国内外部分矿山膏体料浆的性能特征，见表1-1。

表1-1　国内外部分矿山膏体充填料浆的性能特征

国别及矿山	充填材料	质量浓度/%	塌落度/cm	充填体强度/MPa
德国格隆德矿	重介质细石，浮选尾砂	85 ~ 88	10 ~ 15	1.5 ~ 2.0
加拿大多姆金矿	全尾砂	77 ~ 82		0.43
南非西德里方丹金矿	全尾砂	78		
加拿大国际镍公司	天然砂，全尾砂	81 ~ 86	22.86 ~ 30.48	1.63
前苏联阿奇赛铅锌矿	全尾砂（添加胶凝剂）	80 ~ 83	10 ~ 12	
中国金川二矿区	分级尾砂，粉煤灰，棒磨砂	78 ~ 80	18 ~ 22	
中国金川二矿区	分级尾砂，粉煤灰，棒磨砂，425 号水泥	77 ~ 79	20 ~ 24	>4.0
中国铜录山铜矿	全尾砂，炉渣	87	16 ~ 20	
中国铜录山铜矿	全尾砂，炉渣，水泥	84	15 ~ 18	>3.0

深井矿山，由于有足够的高差，为阻力较大的膏体充填料浆的自流输送创造了条件，膏体自流输送结合了细砂管道胶结充填系统和膏体泵送充填系统各自的优势，成为深井矿山充填系统的首选方案。然而膏体自流充填系统目前只在充填倍线介于1.1 ~ 2.0之间的少数浅井矿山使用，因此将其使用范围扩大到深井矿山，具有十分重要的现实意义。如云南驰宏公司的会泽矿区，其开拓深度将达到1577m，在全国有色矿山中将是最深的矿井之一。

膏体自流充填系统，主要包括：地表物料储备，料浆制备及运送，采场充填作业等几部分。该系统虽经历了较长时间的发展历程，在理论和工艺上都取得了不错的研究和应用成果，但该系统能否正常运转，取决于以下控制性因素：

（1）由于料浆的输送方式为自流输送，因此充填材料中 -0.046mm 细颗粒含量不能过高，必须保持在20%以下，否则料浆的黏度过大，会导致摩擦阻力损失过大而造成堵管事故。

（2）充填材料质量浓度必须准确控制在一合理范围内，它不同于膏体泵送充填，料浆浓度过高对泵的损伤较大，或在管道中因为离析沉降造成堵管事故，但浓度也不能太低，否则会失去膏体自流充填的意义。

（3）充填材料各组分的用量要严格控制，特别是外加剂的用量更应该准确，用量过少，会造成料浆流态不能转化，从而由于阻力过大发生堵管事故；同时灰浆浓度及其他材料供料也不能波动太大，以免造成充填体质量不稳或由于搅拌不均形成结块，造成堵管。

（4）料浆制备时，必须控制好搅拌质量，做到一级搅拌使材料混合充分、均匀，二级搅拌对流态实现转化。因此一级搅拌要保证搅拌时间和搅拌强度，二级搅拌要保证搅拌速度及搅拌力度。

（5）系统要求对管路进行精确、严格、自动地监测和控制，发现流动不畅或堵管现象，要及时打开高压风，将大块或黏块吹至采场，以免造成停产。

（6）充填前，要准确了解充填量，充分考虑地表储料仓中的部分料浆，不能过量制浆，如果由于对采场了解不足造成过量制浆，会造成充填材料的严重浪费，同时对环境形成污染。

1.2.3 胶结充填体与围岩作用机制

关于充填体与围岩力学作用机理研究，Brown E. T. 和 Brady B. H. G.、H. A. D. Kirsten、T. R. Stacey、Yamaguchi J. Yamatomi（1983 年，1989 年）、Moreno（1980 年）、Blight 和 Clarke（1989 年）、Swan 和 Board（1989 年）、于学馥和周先明等国内外学者都做了大量研究，从不同角度分析了充填体的作用，大致可归纳为：针对充填体支护围岩作用，可分为表面、局部及总体支护作用三个方面；充填体维护采场稳定的作用方式形式是多种的，支护机理不是靠充填体压缩所产生的作用来决定工作中充填体的稳定效果，尽管任何一种支护机理的单独作用是极小的，但其累积的作用将可能极大影响采场覆岩的稳定性；充填体逐步限制围岩变形，主要作用在于限制围岩的变形和阻止围岩的移动，由于岩体逐渐破坏，岩体体积增大，最终在岩体中形成新的压力拱，以达到新的应力平衡；从能量角度分析，充填体具有应力吸收与转移、应力隔离和充填体、围岩、开挖系统的共同作用；充填体塑性比岩体大，达到破坏时需吸收和消耗更多的能量，因而能吸收爆破等动载作用下产生的能量，更好地减少动载对采场结构工程的破坏。Kemeny J. 等借用断裂力学理论研究了岩体与充填体间的力学作用，利用数值模拟分析了充填效果；Johnso R. A. 通过数值模拟和现场力学试验，分析了区域充填对深井地压的控制效果；Gurtunca R. G. 研究了 West Driefontein 金矿深井矿山原位充填体力学性能，定量地探讨了充填体与围岩的力学作用；Gundersen R. E.，Jones M. Q. W.，Rawlins C. A. 通过研究表明，充填体充填深井采空区后，可以产生吸热和隔热的作用，对于减少热源热害，改善矿井环境有重要作用。矿体被采出，初始应力平衡被破坏，为了维持采场围岩稳定，充填体主要向围岩提供支撑力，以达到新的应力平衡，充填体对围岩的支撑形式基本可以分为几种模式：对卸载岩块的滑移趋势提供侧向限压力；支撑破碎岩体和原生碎裂岩体；抵抗采场围岩的闭合，如图 1-7 所示。

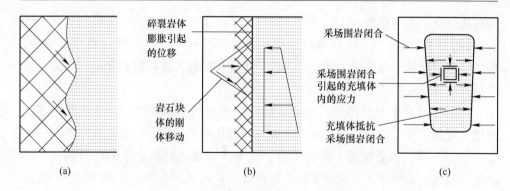

图 1-7　充填体支撑采场围岩的可能模式

（a）对卸载岩块的滑移趋势提供侧限压力；（b）支撑破碎岩体和原生碎裂岩体；

（c）抵抗采场围岩的闭合

1.2.4　胶结充填体强度理论

矿体被采出和料浆充填是围岩应力经历平衡—失衡—再平衡的复杂过程，因此，采场围岩稳定性是矿山安全开采考虑的首要核心问题。影响矿区围岩稳定性的因素很多，主要包括内因（不可控）和外因（可控）两大类，内因包含矿区工程地质条件（矿岩类型、物理力学性质、地质构造、软弱结构面等）、构造应力环境；外因主要有充填作用效果（充填配比、充填体强度、充填接顶率等）、工程因素（采场结构参数、回采顺序、采矿强度等）。

目前采用充填法采矿的矿山，充填体强度的选取大多采用经验类比法得出。充填体的强度不仅影响采场稳定性，同时也制约着充填成本，寻找充填体强度与充填材料最佳配比方法，一直是研究充填技术的重要研究内容。国内外针对充填体强度与稳定性做了不少研究，研究方法有经验法、弹性力学分析法、数值模拟和相似材料模拟法等。Terzaghi（1943 年）建立 Terzaghi 模型来设计胶结充填体的强度；Thomas 等（1979 年）在研究胶结充填采场底部挡墙时，提出了 Thomas 公式；Mitchell 等（1982 年）得到单面暴露，三面约束下的充填体强度公式；Askew 和 Blossom（1982 年）对 Terzaghi 公式进行了补充，得到了三维立方体采场充填体强度的确定方法；杨宝贵和孙恒虎考虑暴露长度对充填体自立强度的影响，建立了高水固结充填体自立强度计算公式；孙恒虎等采用薄板理论确定了下向进路的充填体强度；韩斌等基于可靠度理论，求得了不同充填体强度、进路宽度等条件下承载层稳定性的可靠度指标；崔刚等采用 BP 算法建立了充填质量模型，确定了充填料浆配比，并通过实验室实验验证了配比结果；刘志祥等采用分形理论研究了尾砂材料的级配，分析了国内外大量矿山的尾砂材料分形级配与强度试验数据，并用神经网络建立了尾砂胶结强度与水泥含量、浓度、孔隙分形维数及分形维数相关率的知识库模型；刘志祥和李夕兵（2006 年）用损伤力学建立了不同配比充填体损伤本构方程，并根据岩体开挖释放能量与充填体蓄积应变能相近的原则，探讨了充填体与岩体的合理匹配；O. Nasir 和 M. Fall 研究了充填体与围岩交接面处充填体的剪切变形特点，为充填体的优化与安全设计提供了参考；彭志华（2009 年）通过尾砂胶结充填体配比实验，研究了尾砂胶结充填体强度与试样尺寸和几何形状之间的关系；邓代强等（2009 年）从粗、细骨料分布特性详细分析了不同配比试块强度产生差异的内在原因，同时研究了水泥尾砂充填体劈裂拉伸破坏的能量耗散特征；姚志全、张钦礼等（2009 年）采取劈裂法对不同配比和浓度的充填体进行测试，总结出了在拉伸条件试验条件下的力学性质；邓代强、高永涛等（2010 年）进行了复杂应力下充填体的破坏能耗试验研究，得到了围压与能耗的函数关系以及不同情况下破坏能耗的变化及规律；陈庆发和周科平（2010 年）运用 ADINA 有限元分析软件，分析了不同充填高度时的低标号充填体对采场环境结构稳定性的作用机制；刘志祥和李夕兵（2004 年）分析了充填体在爆破动载下的稳定性；许毓海通过试验研究，得出在密闭条件下含硫化物尾砂的胶结充填体质量是稳定的，但在暴露条件下，充填体的质量受影响较大；杨宝贵、孙恒虎等（1999 年）揭示了高水固结充填体的抗冲击特性。以上综述内容主要针对充填体的抗拉强度、抗剪强度等宏观层次破坏进行了研究，对充填体细观损伤破坏机理研究较少，为充分了解充填体内在破坏机理，必须对充填体细观-宏观表征进行研究。

充填体的强度与稳定性不仅与充填采场暴露面积（高度与宽度）有关，同时还受其他因素制约，如容重、充填体强度、围岩稳定性、水、温度、围岩应力环境以及胶凝材料等。存在于充填体中的孔隙、气泡等微裂隙，在受到外力作用时，将会发生不同程度的扩展与演化，这些细观裂隙累积演化在宏观力学行为表现为变形，随着受力程度的加深，充填体因而产生明显的裂纹，甚至破坏。李庶林等（1997 年）从细观力学角度，分析了充填体的物理成分和单轴压缩破坏机理，并运用损伤力学建立了本构方程。

1.3 胶结充填理论与技术关键难题

虽然充填法采矿技术在国内外得到了广泛应用，在理论研究和工程实际应用方面取得了一系列成果，但随着国内外越来越多的矿山采用充填法开采，一些原先采用崩落法开采的大型、特大型黑色矿山也逐步向充填法转变，低品位、深部、难采、难选矿床也渐渐列入充填法开采对象的范围，选矿技术的提高使得全尾砂组成颗粒级配越来越细。上述情况的出现，导致充填法采矿技术面临着大型铁矿床由崩落法转充填法安稳过渡衔接较为复杂，深部、低品位矿床开采成本和充填成本费用过高，超细全尾砂胶结材料力学强度低，极细颗粒料浆沉降时间长，造浆浓度低，采场充填体脱水缓慢、离析严重以及超细全尾料浆不易输送等问题，这些问题已成为制约充填法采矿技术发展的瓶颈，尤其是影响着充填法在大型、特大型低品位的矿床开采中的应用。

1.3.1　超细全尾砂界定概念

　　目前，尾矿分类的划分主要依据尾矿库安全技术规范，按其颗粒组成分类，这类划分规则仅考虑颗粒大小，并未考虑颗粒级配产生的一些力学特性，如充填系统中尾砂自然沉降时间长、脱水困难以及造浆浓度低；料浆输送时易离析、易沉降和输送浓度不高；充填至采场时料浆沉缩量大、充填体强度以及长期稳定性等。

　　常规的分类方法主要有按原矿石的类别进行分类、按照尾矿自身颗粒组成进行分类、按照尾矿入库排放过程中其沉降特性分类、按平均粒径分类以及按岩石成分分类见表 1-2 和表 1-3。

表 1-2　按原矿石类别分类

尾　矿	一般特性	分类类别
细煤废渣、天然不溶钾	包含砂和粉砂质矿泥，因粉砂质矿泥中黏土的存在，可控制总体性质	软岩尾矿
铅-锌、铜、金、银、钼、镍（硫化物）	可包含砂和粉砂质矿泥，但粉砂质矿泥为低塑性或无塑性，砂通常控制总体性质	硬岩尾矿
磷酸盐黏土、铝土矿红泥、细铁尾矿、沥青矿尾矿泥	一般很少或无砂粒级，尾矿的性态，特别是沉淀、固结特性受砂或黏土级颗粒控制，可能造成排放容积问题	细尾矿
沥青砂尾矿、铀尾矿、粗铁尾矿、磷酸盐矿、石膏尾矿	主要为砂或无塑性粉砂级颗粒，显示似砂性态及有利于工程的特性	粗尾矿

表 1-3　矿山常用的尾砂分类方法

分类方法	粗		中		细	
按粒级所占百分含量	>0.074mm	<0.019mm	>0.074mm	<0.019mm	>0.074mm	<0.019mm
	>40%	<20%	20%~40%	20%~55%	<20%	>50%
按平均粒径 d_{cp}	极粗	粗	中粗	中细	细	极细
	>0.25mm	>0.074mm	0.037~0.074mm	0.03~0.037mm	0.019~0.03mm	<0.019mm
按岩石生成方法	脉矿（原生矿）			砂矿（次生矿）		
	含泥量小，<0.005mm 细泥少于 10%，如南芬矿尾砂			含泥量大，一般大于 30%~50%，例如云锡大部分尾砂		

　　吴爱祥教授等将全尾砂粒径组成符合如下规定划分为超细，即平均粒径小于0.03mm；−0.019mm 颗粒含量大于 50%；+0.074mm 颗粒含量小于 10%；+0.037mm 颗粒含量小于 30%。

　　对于全尾砂超细的概念界定，目前国内外还未有一个比较完整的研究认识和结论，通常类似上述文献中所述，从全尾砂材料属性、粒径组成等成分方面分类。作者认为从全尾砂粒径分布特点界定超细全尾砂的概念，属于从尾砂物理属性出发，比较单一，还应从超细全尾砂的力学特性介入，研究超细全尾砂特有的力学特点，如超细全尾砂浓度特点、超细全尾砂长期强度特点，从而能更全面地了解全尾砂超细的概念界定。

1.3.2　崩落法与充填法联合开采技术

随着人们对环境保护意识的加强，国家针对环境保护的法令法规强制实行，尾矿处置越来越困难，加上尾矿库选址征地、搬迁费用高等原因，使得一些对矿山生态环境破坏严重的采矿方法（如崩落法）已不再适合大部分矿床应用。因此，国内一些原先采用崩落法开采的大型矿床已逐步向充填法转变，充填法逐渐成为正在设计的矿床的首选方案，如图1-8所示。

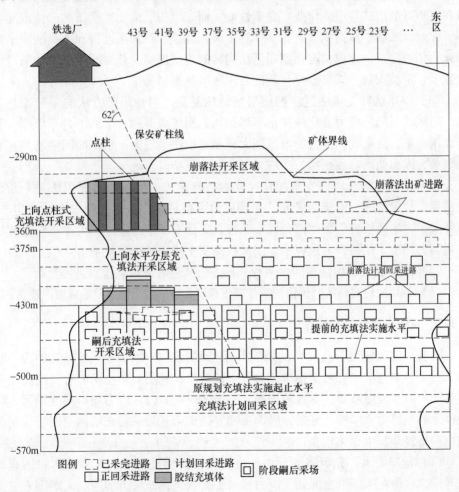

图1-8　某矿崩落法与充填法联合开采采场布置

崩落法是一种开采强度大、机械化程度高、安全性好、采矿成本较低的采矿方法，反之，充填法在开采规模、开采效率和成本方面与崩落法相比相对要差。要使崩落法开采的矿山顺利采用崩落法开采，其在充填采矿方法的方案选择，充填采矿法的采准、开拓计划量，地表充填系统的投资、建设等，需要一个长期的过程，因而，崩落法转充填法开采技术是个复杂的系统工程，主要原因有：

（1）充填采矿方法的选择及两种方法生产能力权重分配复杂。采用充填采矿方法要达到崩落法同样的年生产能力，必须选择更加安全、高效的充填采矿方法；在实施崩落法转充填法初期，同时也应考虑如何分配两种采矿方法的采准、切割工程量，才能使崩落法向充填法顺利转变。

（2）崩落法转充填法采准、回采、出矿、人员配备、调动及管理复杂。两种采矿回采工艺流程存在较大差异，崩落法在覆岩下放矿，放矿强度大，出矿人员在支护好的出矿巷道内作业，安全性高；而充填法通常要在暴露的岩体或充填体下作业，采场暴露面积过大，支护难度大，直接导致采场设备和人员的安全性降低。相对而言，充填法要达到崩落法同样的生产规模，其对同时进行的采场作业数量、定员人数、人员安排与调度要求更多、更紧密。

（3）崩落法转充填法过渡衔接采场地压复杂。两种采矿方法的采矿工艺不同，造成其采场的应力变化规律也不尽相同，崩落法遵循自上而下开采顺序，属于卸压开采，开采扰动应力影响范围大；而充填法采场多，工作面间采场相互影响复杂，因而使两者在衔接处的应力变化更为复杂。

（4）崩落法转充填法安全矿柱尺寸参数确定难。崩落法转充填法是个新出现的采矿技术难题，由于两者间的采场应力关系复杂，为了实现安全过渡生产，两种采矿方法衔接处需保留部分保安矿柱，但保安矿柱的尺寸、大小至今没有统一明确的标准，使得开采过程中保安矿柱的安全稳定性更加复杂。

（5）崩落法转充填法期间，两种采矿方法共存时通风、排水系统复杂。

（6）崩落法转充填法时预留的矿柱回收难度大、回收率低，易造成资源浪费。

1.3.3 胶结充填体与围岩作用关系

随着我国浅地表、高品位的资源开采殆尽，矿产资源的开采深度加大，复杂、难采、难选矿床资源正逐步成为开采的对象；充填采矿技术能有效地防止岩层移动，减缓岩爆威胁，有效隔离和窒息内因火灾。但在应力场、温度场等多场条件下的充填体力学特性复杂，因而深部复杂矿床开采采场充填体与围岩作用关系也变得复杂，主要体现在：

（1）地应力大，充填体的受力环境复杂，特别是深部、大型矿床采用充填法开采，矿体在未开采之前处于应力相对平衡状态，开采活动造成采场围岩应力重新分布，随着开采深度的增加，围岩应力集中程度急剧增加，当扰动集中应力超过其极限强度时便会发生破坏，充填体的作用就是要在围岩发生破坏前维持采场空区围岩稳定。

（2）地温高，温度场下充填体的力学特性复杂。深部矿床采场地温高，围岩的高温效应必然会传向被充填到采场的充填体。目前，充填体的强度都是在恒温、恒湿的养护条件下形成，以硅酸盐类为胶结剂的充填体在高温条件下的长期强度特性如何，需进行对比研究。

（3）开采扰动对采场和充填体的影响复杂。要达到特大型、大型铁矿床的年产量，充填法采矿的备采矿块和作业采场数目势必增多，因而相邻采场相互间的开采扰动对采场充填体的作用复杂。

（4）忽略了充填体三向受力作用、充填体的完整性和整体性。以前人们认为，充填到采场的充填体，只需满足充填体自立性即可，如太沙基模型、托马斯模型以及卢平修正模型。上述各种方法只考虑到充填体与岩壁的摩擦力或不计顶部岩体的作用，并未涉及实际采场充填体顶部受力状态和现场充填体的完整性和整体性。

1.3.4 大规模胶结充填采矿技术地压控制技术

随着国外大型无轨设备的引进以及国内一些千万吨级金属类矿山的建立，使得阶段嗣后充填法成为矿山首选方案。国内应用阶段嗣后充填采矿方法的矿山有安庆铜矿、东瓜山铜矿以及草楼铁矿；在建或正设计的矿山有张庄铁矿以及大冶铁矿部分矿段。

阶段嗣后充填法遵循各分段爆破落矿、底部集中出矿、下分段开采滞后上分段回采的原则，如图1-9所示。其具有生产效率高、资源回采强度大等优点，与崩落法的回采工艺流程相似，对于原先采用崩落法开采的矿山，工艺更易于工人和技术人员掌握。但阶段嗣后充填法由于采场高度高，开采扰动应力大，对矿岩的稳固性要求高，在矿山应用方面影响这种采矿方法的因素众多，主要表现在：

（1）采场阶段矿柱高，对矿岩自稳性要求高。

（2）开采扰动大，特别是当临近的矿房开采完时，矿柱受载荷集中加剧，有些矿柱在矿房空区未进行充填前就已失效，直接影响着其他矿房甚至整个采场的稳定性，不仅影响本阶段采场稳定，同时还影响上阶段采场作业安全。

（3）顶板和矿柱受力复杂。顶板一旦发生垮冒，可能引起冲击地压、地表塌陷等重大灾害事故；矿柱和顶板的稳固性等级直接决定着嗣后采场的整体安全。

（4）对充填体的强度和充填质量要求高。阶段嗣后充填实现底部集中出矿完成后，对采场空区进行一次性集中充填，在对空区进行充填时，充填准备工作复杂；充填时，充填量大，滤水和充填时序对充填体的完整性影响大。

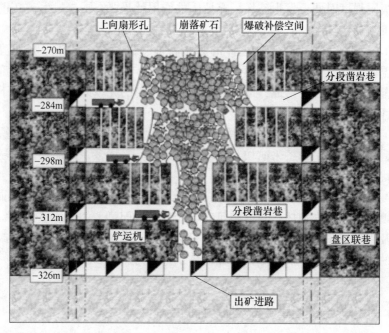

图 1-9　阶段嗣后充填采场剖面

1.3.5　胶结充填法应用成本

充填成本一直是制约充填法应用的主要方面，影响充填成本的因素众多，归纳起来，主要有两大类，一类是充填材料本身粒级级配组成造成充填成本的增高；另一类是采场充填体强度选择没有统一的理论计算方法支撑，人为地造成采场选用的充填体强度过高，间接地造成充填成本加大。前者主要体现在：

（1）全尾砂粒径越来越细，超细、细粒径尾砂占的比重越来越大，造成尾砂脱水困难，自然沉降时间变长，因而造浆浓度过低，输送到采场料浆易脱水，稳定性差，泌水现象严重，直接导致充填体强度下降；随着一批年产能千万吨级以上的铁矿山正采用充填法采矿或向充填法采矿转变，矿山为了提高充填料浆浓度，通常会增加全尾砂脱水装置，因而势必会增加充填成本。

（2）从我国采用胶结充填技术以来，国外的充填强度值为 1~2MPa，而国内的有色冶金类矿山作业规范里明确规定，下向充填法的充填体强度需在 5.0MPa 以上；对于其他的各种充填采矿方法的充填体强度值的选定，设计院及相关科研单位通常依据经验推荐充填体强度 4~5MPa，即表示灰砂比一般都比国外同类矿山高，直接导致国内充填体的强度值通常比国外选取的强度值高。

（3）缺乏完整的现场监测资料，尤其是对不同充填采矿方法现场的长期系统监测，不能及时有效地针对采场的实际情况来改变充填体的灰砂配比，也是导致充填成本增加的原因之一。

2 高浓度胶结充填材料特征指标

充填技术、工艺在国内外矿山中的应用已比较成熟，取得了大量的研究成果，但是，随着选矿工艺技术的进步，尾矿粒径越来越细，细粒径尾砂占的比重越来越大，不同级配的尾砂，胶结充填材料的力学性质不同，输送特性也存在较大差异。充填材料是进行矿山充填的基本材料，其数量、质量、组成成分以及粒径级配对充填料浆的输送、充填体的形成以及矿山的生产、安全和经济效益的影响极大。因此，细粒级含量丰富的全尾砂胶结材料在充填过程中所产生的脱水、输送和强度等问题已成为国内外研究的重点。本章通过室内实验，测定不同矿山尾砂的粒径级配、沉降特性指标、流变特性指标、强度指标以及物质组成成分，并分析其各参数间的相关性，最后通过正交试验，研究龄期、料浆浓度及灰砂配比三因素对充填体强度的影响，揭示各因素对其强度影响程度。

2.1 全尾砂材料特征参数指标体系

2.1.1 全尾砂粒径级配特征指标

充填材料的粒级组成影响着充填体的渗透性和压缩沉降性，同时也是料浆输送、设备选择的重要依据，通常用其颗粒组成的某种特征参数来表达，如算术平均粒径、加权平均粒径与不均匀系数等，如图 2-1 所示。

2.1.1.1 加权平均粒径

算术平均粒径 d_p 和加权平均粒径 d_j 可按如下公式求得：

$$d_p = \frac{d_{max} + d_{min}}{2} \tag{2-1}$$

$$d_j = \frac{\sum_{i=1}^{n} (d_p G_i)}{100} \tag{2-2}$$

式中　d_{max}，d_{min}——每一粒级上下极限粒径；

　　　　G_i——该粒级在总试样中所占重量百分比。

2.1.1.2 粒级组成不均匀系数 C_u

不均匀系数反映充填材料颗粒组成不均匀情况，通常以 $C_u = \dfrac{d_{60}}{d_{10}}$ 表示，其中 d_{60} 代表粒级组成中颗粒百分含量占 60% 的粒径。C_u 值越大，表明充填材料颗粒

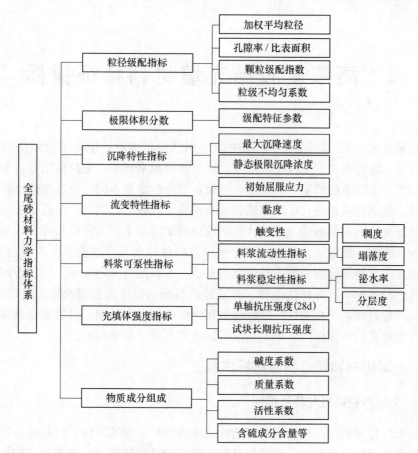

图 2-1　全尾砂材料特征参数指标体系

大小差异越大。

2.1.1.3　孔隙率和孔隙比

孔隙比是指充填材料中孔隙体积与固体颗粒体积之比，而孔隙率是指充填材料中孔隙体积所占的百分率，孔隙比或孔隙率是反映充填材料强度和密实程度的指标。通常用孔隙率表示孔隙比，即：

$$\varepsilon = \omega / (1 - \omega) \tag{2-3}$$

2.1.2　料浆流动性和稳定性指标

料浆流动性能和稳定性是全尾砂能否自流输送的重要影响因素，良好的流动性和稳定性是料浆管道输送中不沉降、不离析、不脱水的重要保障和前提。在输送过程中，往往由于料浆发生沉降而发生堵管，导致管道输送故障；采场料浆离析而泌水，对充填体强度造成影响。表征料浆流动性的指标有塌落度和稠度；表征料浆稳定性的指标有泌水率和分层度。

2.1.2.1 塌落度及稠度

塌落度和稠度都反映料浆的流动性。力学意义为料浆自重流动，因内部阻力而停止流动的最终变形值，前者可用塌落度筒测定，后者用砂浆稠度仪测定。塌落度和稠度值越小，说明料浆越难输送；两者都受充填材料粒径组成、料浆浓度和灰砂比等因素影响。一般认为可泵性较好的全尾砂充填料的塌落度为 10～15cm；而全尾砂加粗碎石的膏体充填料浆塌落度为 15～20cm。

2.1.2.2 泌水率及分层度

泌水主要是由于多余的自由水泌出砂浆表面汇积而成，高浓度全尾充填料浆属于似均质流体，输送过程中料浆应不沉降，不离析，不脱水，可自流输送。然而由于全尾砂细颗粒含量增多，制备高质量充填料浆时脱水困难，造成现实中输送的料浆必然析出一定量的水，因而在输送过程中和采场里产生泌水现象，影响料浆输送的稳定性和充填体质量。为了体现充填料浆的稳定性，借鉴土力学中水泥浆液泌水特性指标衡量充填料浆的泌水特征。通常描述水泥浆液泌水特性的指标有泌水量（即料浆充分搅拌后单位面积的平均泌水量）和泌水率（即泌水量对料浆含水量之比）。同一条件下，浓度对泌水影响最大，粗颗粒（+120 目）含量越多，泌水性越好。

分层度表征砂浆的保水性，是指料浆不产生离析和保持内部颗粒不分层的能力，一般用砂浆稠度仪和分层仪测定，分层度越小，说明料浆性能越好。

2.1.3 料浆流变特性指标

物料在管道中不同位置的流动状态，依流速可大致分为"结构流"、"层流"和"紊流"，输送特性不同于两相流的运动规律。国内外研究证实，管道输送高浓度（膏体）料浆时的雷诺数远低于从层流过渡到紊流的雷诺数，高浓度料浆流变模型宜采用 Hershel-Bulkley 模型，简称 H-B 模型。高浓度（膏体）料浆流变特性参数主要包括屈服应力、黏度和触变性。

2.1.3.1 初始屈服应力 τ_0

由于悬浮液中的黏性细颗粒在水中发生物理化学作用形成了具有一定抗剪强度的絮网状结构，结构流只需克服起始切应力就能发生移动，一般将料浆起始发生移动时需要的剪切力定义为初始屈服应力 τ_0。产生屈服应力的料浆浓度与细颗粒的粒径和含量有关，颗粒越细或细颗粒含量越高，出现屈服应力的浓度也越低。初始屈服应力可由剪切流变仪测定。

2.1.3.2 黏度 μ_e

黏度反映了料浆流动时本身内摩擦角的大小，是流体分子微观作用的宏观表现，一般情况下，学者们常用"表观黏度"和"有效黏度"来评价料浆流动的难易程度。浆体黏度受到料浆流速、管径、固体颗粒的大小、分布、浓度、固体颗粒与液体分子间的动量交换等因素影响，通常用剪切流变仪测定。

2.1.3.3　触变性

非牛顿体在输送过程中表现触变性，流体触变性是指在给定的剪切速率和温度条件下，切应力随时间而减小，即表观黏度随切应力的持续时间而减小。具有触变性的流体，搅动时变稀（剪切稀化），而静止时变稠，表现在流动曲线上为一个触变环，即剪切速率降低时的曲线与剪切速率增加时的曲线不重合，下行曲线偏向剪切速率轴一侧，触变环所围成的面积表示触变性的大小。对于浆体来说，触变性受颗粒大小和形状的影响。

2.1.4　全尾砂沉降特性指标

为了提高和保证全尾砂料浆输送浓度和充填质量，质量分数 15%~30% 的选矿厂全尾砂浆在转化成高浓度的充填料浆之前，砂浆需进行浓缩处理以提高造浆底流浓度，一般通过浓缩装置和添加相应的絮凝剂来实现。

2.1.4.1　最大沉降速度 v_{max}

鉴于固体颗粒自重、絮凝力及固体、液体间黏滞力，全尾砂浆中固体颗粒发生沉降，沉降速度随时间变化较大，基本遵循先快后慢的规律，且砂浆浓度越高，沉降速度越慢。

2.1.4.2　静态极限沉降浓度 C_1

砂浆沉降一段时间后（按 24h 计算），液面将固定于某一高度不再下降，尾矿沉降至极限状态，上部为澄清水柱，下部为沉降压实尾砂，此时的浓度即为极限浓度，给料浓度越大，静止极限浓度越高。

$$C_1 = \frac{W_s}{W_w - w_w + W_s} \tag{2-4}$$

式中　　C_1——静止极限质量分数，%；

W_w——全部水的质量，g；

W_s——尾砂质量，g；

w_w——澄清水的质量，g。

2.1.5　胶结充填体强度指标

充填体的强度是评价充填体质量的重要指标，是指充填胶结硬化体所能承受的外力破坏能力，通常用 MPa 表示，鉴于目前国内充填采用的胶结材料大部分为硅酸盐类水泥和硅酸盐类固结剂，硅酸盐类水泥具有快硬、早强的特点，因而充填体的强度指标通常可用 7d、14d 和 28d 的充填试块单轴抗压强度值 σ_c 表示。不同灰砂比、不同浓度和不同充填材料的充填试块强度不同；不同的采矿方法和开采强度对充填体的强度要求不统一。

2.1.6 胶结材料化学成分特性

不同尾砂材料来源不同，矿物组成比较复杂，种类很多，其物质化学成分也不同，主要有石英、绿泥石、方解石和透辉石，另外还有少量的石膏、黄铁矿和绢云母。充填材料中的各种化学成分及其含量对充填体性能具有一定的影响和作用，尾砂中对充填体强度影响作用较大的主要化学成分有 CaO、MgO、Al_2O_3、SiO_2、S。通常用碱度系数、质量系数以及活性系数表示样品化学成分特性。

（1）碱度系数。矿渣中碱性氧化物与酸性氧化物的比值，称为碱性系数，可用下式表示：

$$M_0 = \frac{CaO + MgO}{SiO_2 + Al_2O_3} \tag{2-5}$$

若 $M_0 > 1$ 表示碱性氧化物多于酸性氧化物，称之为碱性矿渣；$M_0 = 1$ 表示碱性氧化物等于酸性氧化物，称之为中性矿渣；$M_0 < 1$ 表示碱性氧化物少于酸性氧化物，称之为酸性矿渣。

（2）质量系数。用化学成分分析来评定矿渣的质量，按照国家标准（GB/T 203）规定粒化矿渣质量系数如下：

$$K = \frac{CaO + MgO + Al_2O_3}{SiO_2 + MnO + TiO_2} \tag{2-6}$$

质量系数反映了矿渣中活性组分与低活性、非活性组分之间的比例关系，质量系数越大，矿渣活性系数越高。

（3）活性系数，尾矿中氧化钙的成分与氧化硅的比值，可用下式表示：

$$A = \frac{CaO}{SiO_2} \tag{2-7}$$

尾砂中其他物质成分对充填体的强度影响也较大，特别含硫成分的铁矿尾砂充填体，其强度发展快，而后期强度降低。

2.2 全尾砂材料特征参数测试结果与分析

2.2.1 全尾砂材料化学成分测试结果与分析

在实验室共测试了大冶铁矿、程潮铁矿和金山店铁矿全尾砂材料的化学成分，同时还收集了马钢姑山矿的红矿全尾砂和混合矿尾砂的全尾砂材料力学参数。

表2-1～表2-4分别表示各尾矿主要化学成分。表2-5为矿渣技术指标级数分类表。按照各系数的计算方法，并参照分类表，可以得出各矿全尾砂化学分析结果，见表2-6。从碱性系数对比来看，四个矿山的尾砂全属于酸性，出现这类情况的原因一是与矿物成矿有关；二是与造矿工艺添加的化学成分有关。质量系数与活性系数基本可以属于同一性质，其数量级越大，尾砂活性越大，其中硅物质含量越

少。按照制备高性能混凝土胶凝材料一般要求粉煤灰活性系数大于 0.8，且制备高性能混凝土掺和物的质量系数大于 1.2 的经验，也就是说，活性系数越高，其水化胶结作用越大，代替水泥的作用越大，因而可相应地降低胶结成本。对于同一灰砂配比，采用活性较高的灰砂，间接地可降低灰砂用量，从而降低充填成本。

表 2-1　金山店铁尾矿主要化学成分　　　　　　　　　（%）

成分名称	SiO_2	Al_2O_3	CaO	Fe_2O_3	MgO	Na_2O	K_2O
含量	57.40	13.09	6.84	5.98	3.95	3.86	2.87
成分名称	SO_3	TiO_2	P_2O_5	ZrO_2	BaO	MnO	烧失量
含量	1.10	0.53	0.27	0.02	0.03	0.07	3.41

表 2-2　大冶铁尾矿主要化学成分　　　　　　　　　（%）

组分	SiO_2	TFe	SFe	CaO	FeO	Al_2O_3	MgO
含量	26.30	20.79	20.02	12.45	10.90	6.07	5.55
组分	S	Ag[①]	TiO_2	Cu	MnO	P	Au[①]
含量	1.315	0.38	0.232	0.228	0.164	0.15	0.101
组分	SrO	Zn	V_2O_5	Co	Ni	Pb	As
含量	0.046	0.026	0.023	0.013	0.10	0.006	0.001

①单位为 g/t。

表 2-3　姑山矿尾矿主要化学成分　　　　　　　　　（%）

化学成分	SiO_2	TFe	CaO	Al_2O_3	MgO	S	其他
含量	25.33	16	14.03	6.67	4.81	0.75	32.41

表 2-4　程潮铁尾矿主要化学成分　　　　　　　　　（%）

组分	SiO_2	CaO	MgO	Fe_2O_3	Al_2O_3	TFe	S	K_2O	Na_2O	MnO
含量	37.21	15.30	15.32	10.94	9.00	7.66	3.50	1.70	0.92	0.164

表 2-5　矿渣技术指标级数分类

技 术 指 标	一类	二类
碱性系数	≥0.65	≥0.50
活性系数	≥0.20	≥0.12
质量系数	1.25	1.00

表 2-6　各矿全尾砂化学分析结果

尾矿来源	碱度系数 M_0	质量系数 K	活性系数 A	分类标准
大冶铁尾矿	0.56	0.90	0.47	二类
程潮铁尾矿	0.66	1.06	0.41	一类
金山店铁尾矿	0.15	0.41	0.12	二类
姑山矿尾矿	0.59	1.01	0.55	一类

2.2.2 全尾砂材料物理特性参数测试结果与分析

全尾砂物理参数体现了尾砂自身固有属性，尾砂密度和容重通常采用定容称重法测得，测试结果见表2-7，水泥型号为32.5号硅酸盐水泥。不同来源的全尾砂，其粒径分布不同，本节采用北京科技大学 Winner2000 激光粒度分析仪测得各矿全尾粒级组成，典型的全尾砂粒径分布曲线如图2-2所示。基于测得的粒径组成，并根据各种指标定义，得到了表征全尾砂级配特征参数，如中值粒径、平均粒径、不均匀系数和曲率系数等，结果见表2-8。各矿全尾砂的塌落度值见表2-9。

表 2-7　各矿全尾砂基本属性参数

名　　称	密度 $\rho/\mathrm{g \cdot cm^{-3}}$	容重/$\mathrm{t \cdot m^{-3}}$	孔隙率 $\omega/\%$	比表面积 $\hat{\omega}/\mathrm{cm^2 \cdot cm^{-3}}$
大冶铁矿	3.2	1.47	57	6400
程潮铁矿	2.9	1.33	68	5150
金山店铁矿	2.81	1.26	65	5486
姑山矿混合矿	2.93	1.37	53.17	7100
姑山矿红矿	3.25	1.63	49.86	6900
水　泥	3.1	1.3	58.06	

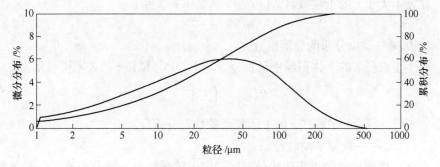

图 2-2　粒径分布典型曲线

表 2-8　各矿全尾级配分布特征值

材料来源	中值粒径 $d_{50}/\mu\mathrm{m}$	平均粒径 $d_j/\mu\mathrm{m}$	不均匀系数 C_u	曲率系数 C_c	静态极限沉降浓度 $C_1/\%$
大冶铁矿	24.00	45.13	12.2	0.501	58.4
程潮铁矿	29.79	60.76	9.5	0.427	62.6
金山店铁矿	26.79	59.14	8.1	0.539	59.5
姑山混合矿	9.51	31.87	8.3	1.082	61.4
姑山矿红矿	5.36	11.15	9.5	1.109	70.1

表 2-9　各矿全尾砂的塌落度值

材料来源	塌落度 H/cm				
	65%	68%	70%	72%	75%
大冶铁矿	23.5	17.4	14.3	8.5	4.0
程潮铁矿	34.5	30.1	24.6	21.6	12.5
金山店铁矿	25.3	21.9	17.3	10.4	4.5
姑山混合矿	22.1	18.5	16	11.2	5.6
姑山矿红矿	26.2	25	24.3	23.3	20.1

从表 2-7、表 2-8 中可以看出，姑山矿的全尾砂比表面积和孔隙率值相对较低，大冶铁矿次之，程潮铁矿粒径较粗；孔隙率与比表面积负相关，比表面积越大，孔隙率越小，说明细小颗粒多，填补了大颗粒间的孔隙；不均匀系数反映颗粒均匀程度，不均匀系数越大，颗粒组成越不均匀，从表 2-8 中结果可知大冶铁矿全尾砂级配最差，程潮铁矿次之；不均匀系数越大，静态极限沉降浓度越低，表明组成成分中细小颗粒越多，全尾砂料浆自然沉降越难。

2.2.3　全尾砂粒径分形特征参数测试结果与分析

土体颗粒和孔隙是没有特征长度，而具有自相似性的几何体，根据分形理论，粒径不大于 r 的土粒数目 $N(r)$ 与 r 满足下列关系：

$$N(r) \sim r^{-D} \tag{2-8}$$

式中　D——颗粒分布的分形维数。

而小于粒径 r 的土体颗粒质量百分含量 $P(r)$ 与粒径 r 的关系可表示为：

$$P(r) = \left(\frac{r}{r_0}\right)^{3-D} \tag{2-9}$$

式中　$P(r)$——小于粒径 r 的土体颗粒质量百分含量；
　　　r_0——颗粒平均粒径。

因此，根据尾砂的累积曲线就可以确定土体颗粒分布的分形维数。对于同一种土体，不同分析方法得到的分形维数基本一致。

分形颗粒间孔隙的分形维数 D_f 与颗粒粒径分形维数 D 的关系为：

$$D_f = \frac{2D}{D^2 - D + 2} \tag{2-10}$$

因此，根据上述公式，通过上述测定的尾砂颗粒级配组成，可计算全尾砂的分形维数 D 和孔隙分形维数 D_f，结果见表 2-10 和图 2-3。从回归结果来看，拟合的相关性系数都相对较高，因而可得出：全尾砂粒度和孔隙分布是分形的，不同来源的尾砂，其粒度和孔隙分形不同；尾砂粒度分布的分形维数越大，粒度就越细，细颗粒填补在大颗粒的孔隙中降低孔隙率，因而对应的孔隙分布的分形越小。全尾砂颗粒分布的分形维数也可以作为表征全尾砂级配特征的参数。

表 2-10 各矿全尾砂分形特征参数

材 料 来 源	粒径分形维数 D	回归相关性系数 $S/\%$	孔隙分形维数 D_f
大冶铁矿	2.812	97.29	0.7926
程潮铁矿	2.797	98.03	0.7962
金山店铁矿	2.787	99.62	0.7985
姑山混合矿	2.794	97.83	0.7968

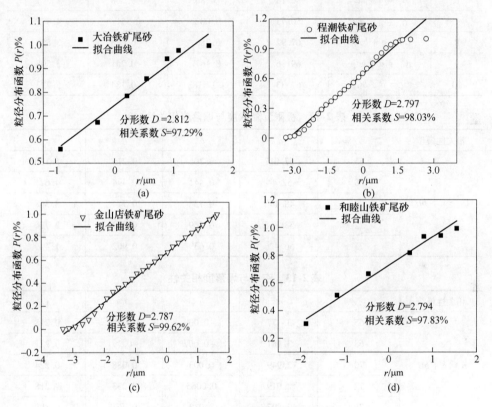

图 2-3 各矿全尾砂分形拟合曲线

2.3 全尾砂材料各特征参数相关性

假如全尾砂不同的特征参数 x_1 和 x_2 存在相关，则可用如下线性关系式表示：

$$x_1 = a + bx_2 \tag{2-11}$$

由最小二乘法原理，可得出参数 x_1 与 x_2 之间的相关系数 r 和剩余标准差 s，将表 2-7 ～表 2-10 进行最小二乘计算，得到了不同参数间的线性回归结果，见表 2-11 ～表 2-18。

表 2-11　各矿全尾砂特征参数相关性统计分析及结果

序号	相关性模型	a	b	r	s
1	$\omega = a + bl$	143.68	−28.19	−0.712	6.246
2	$\omega = a + b\widetilde{\omega}$	112.78	−0.0087	−0.972	3.589
3	$\omega = a + bd_{50}$	46.27	0.639	0.916	6.169
4	$\omega = a + bd_j$	43.86	0.354	0.950	4.807
5	$C_1 = a + b\rho$	28.10	11.364	0.481	4.659
6	$C_1 = a + b\omega$	80.18	−0.303	−0.508	4.577
7	$C_1 = a + b\widetilde{\omega}$	50.73	0.002	0.351	4.977
8	$C_1 = a + bd_{50}$	67.92	0.286	−0.688	3.856
9	$C_1 = a + bd_j$	69.36	0.167	−0.751	3.508
10	$C_1 = a + bC_u$	67.33	−0.5183	−0.184	5.223

表 2-12　极限沉降浓度与塌落度相关性

相关性模型	浓度/%	a	b	r	s
$C_1 = a + bH$	65	57.017	0.205	0.215	5.190
	68	52.44	0.441	0.494	4.621
	70	48.148	0.738	0.774	3.368
	72	53.858	0.569	0.853	2.770
	75	56.426	0.639	0.962	1.449

表 2-13　密度与塌落度相关性

相关性模型	浓度/%	a	b	r	s
$\rho = a + bH$	65	3.277	−0.009	−0.245	0.218
	68	3.181	−0.007	−0.191	0.221
	70	2.949	0.003	0.088	0.224
	72	2.919	0.0065	0.233	0.218
	75	2.897	0.013	0.461	0.199

表 2-14　孔隙率与塌落度相关性

相关性模型	浓度/%	a	b	r	s
$\omega = a + bH$	65	30.851	1.054	0.662	6.671
	68	42.545	0.7111	0.477	7.831
	70	54.613	0.207	0.129	8.827
	72	59.308	−0.047	−0.041	8.894
	75	61.844	−0.347	−0.311	8.459

表 2-15 比表面积与塌落度相关性

相关性模型	浓度/%	a	b	r	s
$\tilde{\omega} = a + bH$	65	9663.1	−131.3	−0.739	667.37
	68	8420.5	−98.02	−0.588	802.12
	70	7163.5	−49.548	−0.278	952.85
	72	6408.6	−13.429	−0.1078	986.19
	75	6049.5	16.879	0.0136	982.75

表 2-16 中值粒径与塌落度相关性

相关性模型	浓度/%	a	b	r	s
$d_{50} = a + bH$	65	−10.218	1.121	0.491	11.120
	68	8.573	0.474	0.221	12.447
	70	24.537	−0.272	−0.119	12.675
	72	25.657	−0.424	−0.265	12.309
	75	26.449	−0.766	−0.48	11.198

表 2-17 平均粒径与塌落度相关性

相关性模型	浓度/%	a	b	r	s
$d_j = a + bH$	65	−7.138	1.852	0.433	21/506
	68	24.649	0.751	0.187	23.446
	70	56.415	−0.767	−0.179	23.483
	72	56.818	−1.014	−0.338	22.461
	75	57.906	−1.744	−0.584	19.369

表 2-18 不均匀系数与塌落度相关性

相关性模型	浓度/%	a	b	r	s
$C_u = a + bH$	65	9.835	−0.012	−0.035	1.886
	68	11.248	−0.076	−0.241	1.832
	70	10.919	−0.072	−0.214	1.844
	72	10.036	−0.034	−0.145	1.868
	75	9.673	−0.016	−0.069	1.883

一般地讲，$0 < |r| < 0.75$ 时，认为变量之间具有中等的线性相关性；$0.75 < |r| < 1$ 时，表明相关性很强。

表 2-11 表示全尾砂不同特征参数间的相关性，从表 2-11 中可以看出，孔隙率与密度、比表面积、中值粒径、平均粒径的相关性很强，其与密度、比表面积

负相关，表明孔隙率越大，密度和比表面积越小；而与中值粒径、平均粒径正相关，表明孔隙率越大，中值粒径、平均粒径越大。静态极限浓度与孔隙比、密度、比表面积以及曲率系数相关性低，而与中值粒径、平均粒径相关性较好，且呈正相关性，中值粒径、平均粒径越小，静态极限浓度越低。这表明全尾砂材料的颗粒粒径对孔隙率、静态极限浓度影响作用大。

塌落度是表示料浆流动性的重要指标，表2-9表示5个不同矿区不同浓度时的塌落度值，相比较而言，程潮铁矿的尾砂塌落度值相对较大，流动性较好，姑山红矿次之，姑山混合矿最差。

表2-12~表2-18分别表示塌落度与极限沉降浓度、密度、孔隙率、比表面积、中值粒径、平均粒径以及不均匀系数的相关性，从各表中可以看出，塌落度与上述各指标的相关性较差，表明塌落度的大小更主要取决于料浆的配比、浓度，其材料的各项物理特性因素影响次之。

2.4　胶结充填体强度特性及其影响因素权重分析

胶结充填体强度条件是采场围岩能否维持稳定的关键前提，充填料浆凝固成体是一个复杂的物理化学过程，受尾砂颗粒级配组成、化学成分、胶结剂配比、凝固龄期以及料浆浓度等多因素影响。因此，研究不同因素对其强度特性影响的分析十分必要。本节利用正交实验设计，进行全尾砂胶结充填体单轴抗压强度力学特性实验，研究龄期、料浆浓度以及灰砂配比三因素对充填体强度的影响权重，揭示各因素对其强度的影响程度。

2.4.1　实验材料与方法

2.4.1.1　实验材料

实验材料源自某铁矿全尾砂，其全尾砂粒径级配及化学组成成分等物理力学参数见表2-6和表2-7。

2.4.1.2　实验方法

将上述全尾砂材料按照灰砂配比为1:4、1:5、1:6、1:8、1:10，浓度为65%、68%、70%、73%以及75%，龄期为3d、7d、28d组合制块，并对各个试块进行标准单轴抗压强度试验，得到了各种条件下的试块强度值，如图2-4和图2-5所示。试块规格为10cm×10cm×10cm，一般放置24h便拆模，拆模的同时将试件

图2-4　实验加载机

上、下两面刮平整，将试件放入标准养护箱养护，养护温度一般为 20 ± 1℃、相对温度 90% 以上。根据实验设计的不同龄期要求，定时对充填试块进行强度测试。

图 2-5　充填体加载实验

2.4.1.3　实验方案

考虑影响充填体强度的三个主要指标，即龄期、浓度和灰砂配比。龄期不同，充填体内胶结剂水化反应程度不同，因而造成其强度值不一样。浓度是影响充填技术的主线，浓度越高，充填体强度越大，相比所需充填成本越低，而料浆浓度受充填颗粒级配制约，对于一定粒径级配的全尾砂，料浆存在极限浓度。灰砂比属充填成本的关键因素，不同采矿方法和开采强度对充填体强度要求不同，选择合适的配比，能有效降低充填成本。

2.4.2　实验方案设计

本实验采用四个三因素、三水平正交实验表 L_9（34），灰砂配比与浓度正交方案如图 2-6 所示。各方案正交表见表 2-19 ～ 表 2-22。表 2-19 为高配比、低浓度设计实验表；表 2-20 为高配比、高浓度设计实验表；表 2-21 为低配比、低浓度设计实验表；表 2-22 为低配比、高浓度设计实验表。实验分别按照上述四个设计表进行并记录测得的充填体强度。

2.4.3　胶结充填体强度影响分析

通过计算各因素对抗压强度的极差可以看出，不同灰砂配比和不同浓度之间的组合方案对充填体影响程度不同，见表 2-23 和表 2-24。在高灰砂配比、低浓度试验方案和高灰砂配比、高浓度试验方案中，各因素的极差顺序为养护龄期 > 浓度 > 配比，说明在高灰砂配比时，龄期对充填体强度影响程度最敏感，其次是浓度，最不敏感的是灰砂配比。在低灰砂配比、高浓度试验方案和低配比、低浓度试验方案中，各因素的极差顺序为养护龄期 > 配比 > 浓度，说明在低灰砂配比条件下，龄期对充填体强度影响程度最敏感，其次是灰砂配比，最不敏感的是浓度，具体见表2-25和表2-26。

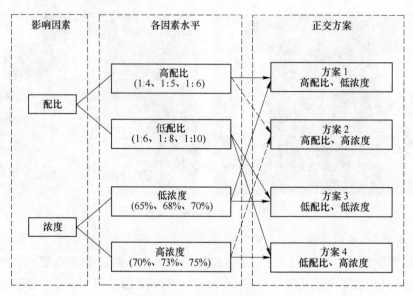

图2-6　配比与浓度正交方案

表2-19　高配比、低浓度正交表 L₉ (34)

因素 水平	A 龄期/d	B 配比	C 浓度/%
1	3	1:4	65
2	7	1:5	68
3	28	1:6	70

表2-20　高配比、高浓度正交表 L₉ (34)

因素 水平	A 龄期/d	B 配比	C 浓度/%
1	3	1:4	70
2	7	1:5	73
3	28	1:6	75

表2-21　低配比、低浓度正交表 L₉ (34)

因素 水平	A 龄期/d	B 配比	C 浓度/%
1	3	1:6	65
2	7	1:8	68
3	28	1:10	70

表 2-22 低配比、高浓度正交表 L₉（34）

水平　　因素	A 龄期/d	B 配比	C 浓度/%
1	3	1:6	70
2	7	1:8	73
3	28	1:10	75

表 2-23 高配比、低浓度强度正交试验

试验号　　因素	A 龄期/d	B 配比	C 浓度/%	抗压强度 /MPa
1	3	1:4	65	0.28
2	3	1:5	68	0.31
3	3	1:6	70	0.34
4	7	1:4	68	0.96
5	7	1:5	70	1.34
6	7	1:6	65	0.69
7	28	1:4	70	3.68
8	28	1:5	65	1.80
9	28	1:6	68	1.60
K_1	0.93	4.92	2.77	各因素水平
K_2	2.99	3.45	2.87	指标求和
K_3	7.08	2.63	5.36	
k_1	0.31	1.64	0.92	各因素水平指标
k_2	1.00	1.15	0.96	求和平均值
k_3	2.36	0.88	1.79	
极差值	2.03	0.76	0.89	优选方案为 $A_3B_1C_3$
最优方案	A_3	B_1	C_3	

表 2-24 高配比、高浓度强度正交试验

试验号　　因素	A 龄期/d	B 配比	C 浓度/%	抗压强度 /MPa
1	3	1:4	70	0.46
2	3	1:5	73	0.48
3	3	1:6	75	0.51
4	7	1:4	73	1.61
5	7	1:5	75	1.91

因素 试验号	A 龄期/d	B 配比	C 浓度/%	抗压强度 /MPa
6	7	1:6	70	1.30
7	28	1:4	75	5.48
8	28	1:5	70	3.02
9	28	1:6	73	2.85
K_1	1.45	7.55	4.78	各因素水平
K_2	4.82	5.41	4.94	指标求和
K_3	11.35	4.68	7.90	
k_1	0.48	2.52	1.59	各因素水平指标
k_2	1.61	1.80	1.65	求和平均值
k_3	3.78	1.55	2.63	
极差值	3.30	1.55	2.63	优选方案为 $A_3B_1C_3$
最优方案	A_3	B_1	C_3	

表 2-25　低配比、低浓度强度正交试验

因素 试验号	A 龄期/d	B 配比	C 浓度/%	抗压强度 /MPa
1	3	1:6	65	0.26
2	3	1:8	68	0.22
3	3	1:10	70	0.26
4	7	1:6	68	0.80
5	7	1:8	70	0.56
6	7	1:10	65	0.24
7	28	1:6	70	2.13
8	28	1:8	65	1.05
9	28	1:10	68	0.79
K_1	0.74	3.19	1.55	各因素水平
K_2	1.60	1.83	1.81	指标求和
K_3	3.97	1.29	2.95	
k_1	0.25	1.06	0.52	各因素水平指标求
k_2	0.53	0.61	0.60	和平均值
k_3	1.32	0.43	0.98	
极差值	1.08	0.63	0.47	优选方案为 $A_3B_1C_3$
最优方案	A_3	B_1	C_3	

表 2-26 低配比、高浓度强度正交试验

试验号 \ 因素	A 龄期/d	B 配比	C 浓度/%	抗压强度 /MPa
1	3	1:6	70	0.34
2	3	1:8	73	0.36
3	3	1:10	75	0.38
4	7	1:6	73	1.53
5	7	1:8	75	0.70
6	7	1:10	70	0.44
7	28	1:6	75	3.74
8	28	1:8	70	1.78
9	28	1:10	73	1.43
K_1	1.08	5.61	2.56	各因素水平 指标求和
K_2	2.67	2.84	3.32	
K_3	6.95	2.25	4.82	
k_1	0.36	1.87	0.85	各因素水平指标 求和平均值
k_2	0.89	0.95	1.11	
k_3	2.32	0.75	1.61	
极差值	1.96	1.12	0.75	优选方案为 $A_3B_1C_3$
最优方案	A_3	B_1	C_3	

通过充填体强度影响因素极差分析可以得出，总体来说，养护龄期对充填体强度最敏感，见表 2-27。在高灰砂配比方案中，浓度对充填体强度影响比配比更敏感；而在低灰砂配比方案中，配比对充填体强度影响比浓度更敏感。

表 2-27 各因素影响权重分析表

试验方案极差值 \ 因素	A 龄期/d	B 配比	C 浓度/%	最优选方案
实验方案 1 极差值	2.03	0.76	0.89	$A_3B_1C_3$
实验方案 2 极差值	3.30	1.55	2.63	
实验方案 3 极差值	1.08	0.63	0.47	
实验方案 4 极差值	1.96	1.12	0.75	

注：实验方案 1—高配比、低浓度组合；实验方案 2—高配比、高浓度组合；实验方案 3—低配比、高浓度组合；实验方案 4—低配比、低浓度组合。

3 高浓度胶结充填料浆输送

高浓度料浆是一种非牛顿体，在管道中呈"柱塞"状流动，流动规律与料浆的流变性能、管径以及流速等因素相关，特别是对于一些长距离管道自流输送充填矿山，料浆在管道中历时较长，料浆流态稳定性直接决定其在管道中是否会发生泌水、沉降甚至堵管、破管等风险，因此，加强对料浆流态、工作流速、管道尺寸以及压力分布规律的研究，对保障管道输送料浆充填的矿山实现安全生产具有重要意义。

自流输送系统的可靠性由充填倍线、料浆质量速度、料浆的流变形态和管径决定，其可靠性直接影响到矿山安全生产和生产能力。目前，在料浆管道输送阻力计算方法与管网参数设计方面，国内外学者以及多个科研机构都做了大量研究，成功得到了不同条件下的管道阻力计算公式，如金川公式、长沙矿冶院公式等。研究料浆管道输送的方法有室内试验模型、理论模型分析、模糊理论以及数值模拟等。吴爱祥、刘晓辉等考虑时间因素，构建了膏体料浆流变模型，推导了时变特性的料浆管道输送阻力公式，但膏体制备难度大，不易自流，输送成本高；郑伯坤等通过环管试验对高浓度全尾砂充填料浆管道输送过程进行了模拟，结合了流体力学理论并推导了阻力损失参数预测公式，优化了矿山充填工艺中的管网布置；邓代强等通过"L"形管道自流输送试验，测试并分析了不同浓度、配比条件下的充填料浆的流变特性指标及充填倍线变化规律。环管和"L"形管试验由于材料制备与现场差异较大，造成其结果与现场相似度低，参考价值少。

对于采用料浆长距离自流输送的充填矿山，关键在于料浆的流变特性，其稳定性直接决定料浆在管道中是否会发生堵管、爆管等状况。料浆自流输送通常与充填倍线、管网布置、料浆浓度、配比和管道参数密切相关。本章将在分析不同浓度条件下的大冶铁矿全尾砂料浆流变特性，优化充填管线布置的基础上，借助 Fluent 软件对全尺寸管道输送进行模拟分析，着重研究管道的流速、压力分布规律以及浓度对管道自流输送的影响，并结合现场工业试验，最终明确大冶铁矿料浆长距离管道自流输送的最佳参数。

3.1 胶结充填料浆流变特性

3.1.1 胶结料浆特性

3.1.1.1 充填料浆密度
充填料浆是由全尾砂、胶骨料和水三部分按照一定的灰砂比和质量浓度搅拌而成的，因此充填料浆的密度主要取决于三种材料的密度、灰砂比及砂浆的质量浓度。

固体干物料密度（t/m^3）的计算公式为：

$$\gamma_s = \frac{\rho_c \rho_s (1 + n)}{\rho_s + n\rho_c} \tag{3-1}$$

充填料浆密度（t/m^3）的计算公式为：

$$\gamma_m = \frac{\gamma_s}{C_W + \gamma_s (1 - C_W)} \tag{3-2}$$

式中　γ_s——固体干物料密度，t/m^3；

　　　γ_m——充填料浆密度，t/m^3；

　　　ρ_c——胶骨料密度，t/m^3；

　　　ρ_s——尾砂密度，t/m^3；

　　　C_W——充填料浆质量浓度，%；

　　　n——灰砂比。

在实践过程中，人们为了方便计算，通常采用定容称重法来测量充填料浆的密度，即将料浆放入一个容积为 $V(cm^3)$ 的容器中，然后放入天平称得料浆净重 $G(g)$，那么充填料浆的密度 $\gamma(g/cm^3)$ 可表示为：

$$\gamma = \frac{G}{V} \tag{3-3}$$

3.1.1.2　充填料浆浓度

临界流态浓度是指充填料浆开始进入不离析状态的浓度值，不同物料具有不同的临界流态浓度值，主要取决于固体颗粒的粒径、形状、级配、密度等，而对于显著影响料浆黏性的细粒级含量尤为敏感。低浓度充填料浆服从两相流体的规律，必须以高于临界流速的速度输送。料浆在采场内凝固后，往往在表面形成一层稀泥，溢流水中也会带走一些水泥，影响充填体的强度。高浓度充填料浆可以用宾汉姆体或触变体物理模型来近似的描述，可以避免上述缺点，可以以较低流速（如 1m/s 左右）输送，在同样水泥用量时，充填体抗压强度至少提高 10% ~ 50%；反之，在保证相同充填体强度的前提下，采用高浓度充填料浆，可以降低水泥耗量，即降低充填成本。因此，选择充填料浆浓度略高于临界流态浓度为最佳，并据此来确定充填系统的能力。

充填料浆的质量浓度计算公式为：

$$C_W = \frac{\gamma_s}{\gamma_s - 1} \times \left(1 - \frac{1}{\gamma_m}\right) \times 100\% \tag{3-4}$$

充填料浆的体积浓度计算公式为：

$$C_V = \frac{\gamma_m - 1}{\gamma_s - 1} \tag{3-5}$$

式中 C_W ——料浆质量浓度，%；

C_V ——料浆体积浓度，%；

γ_s ——固体物料密度，t/m^3；

γ_m ——浆体密度，t/m^3。

料浆质量浓度与体积浓度的关系式为：

$$C_W = \frac{\gamma_s}{\gamma_m} \times C_V \tag{3-6}$$

$$C_V = \frac{\gamma_m}{\gamma_s} \times C_W \tag{3-7}$$

式（3-6）和式（3-7）中符号同式（3-4）和式（3-5）。

由料浆质量浓度公式可以看出，当料浆为清水时，$\gamma_m = 1 t/m^3$，这时料浆质量浓度 C_W 为零，此时浆体中不含固体物料；当料浆密度等于固体物料密度时，料浆的质量浓度等于 100%，此时不含清水，不能称其为料浆而只能是固体物料。

3.1.1.3 充填料浆黏性

充填料浆的黏性是指流体抵抗剪切变形的能力，它是流体的固有性质，并且是流体产生机械损失的根本原因。其数值的大小主要受温度的影响，一般是随着温度的升高，料浆黏性降低，并且压力的变化对料浆黏性的影响甚小。固体物料的化学成分和物理性质对砂浆的黏性也有一定的影响，成分不同、浓度不同，其黏性也不同。

目前充填砂浆可分成两大类，即似均质砂浆和非均质砂浆，前者属于黏性高的流体。在管道输送中似均质砂浆可按层流或紊流状态看待，是一种稳定而不产生沉淀的砂浆，具有特别的结构黏度性，似均质砂浆的流动必须克服其管道输送的最低内摩擦剪应力 τ_0（kg/m^2）。因此，就管道输送流动的似均质砂浆的剪应力 τ（kg/m^2）来讲，可以用下式表达：

$$\tau = \tau_0 + \mu_g \frac{dv_s}{dy} \tag{3-8}$$

式中 μ_g ——结构黏性系数，$kg \cdot s/m^2$；

$\dfrac{dv_s}{dy}$ ——速度梯度，其数值的大小主要受管壁阻力和内摩擦阻力大小的影响，沿管道横截面是一个不断变化的数值，且处于管道轴心的速度最大。

另外，式（3-8）中的结构黏性系数 μ_g 与牛顿流体（$\tau = \mu \dfrac{dv}{dy}$）中表现的流体黏性系数 μ 是不同的。结构黏性系数 μ_g 不仅与砂浆管道输送的速度大小有关，还与料浆固体颗粒在砂浆中的分布状态紧密联系。目前测量结构黏性系数可以用管型黏性计和转筒黏性计来测定。

非均质砂浆流动只能是紊流状态，是不稳定的，颗粒越大越易产生沉淀，欲使这种砂浆的流动保持稳定状态，其流速必须大于这种料浆的临界流速。紊流状态下的内摩擦剪切应力 τ (kg/m^2) 可以用下式表示：

$$\tau = \mu_g \frac{dv_s}{dy} + \rho_0 l^2 \left(\frac{dv_s}{dy}\right)^2 \tag{3-9}$$

式中　ρ_0——砂浆密度，kg/m^3；

　　　　l——管壁沿直径向到砂浆层的垂直距离，其值可用 $l = C_k y$ 来求得，其中 C_k 为卡玛系数，水的卡玛系数为 $C_k = 0.41$。

式（3-9）中右边的第一项，在紊流状态下，剪应力 τ 数值比第二项小很多，以致可以忽略，故在该料浆管道输送紊流状态下，砂浆具有的剪应力可表示为：

$$\tau = \rho_0 l^2 \left(\frac{dv_s}{dy}\right)^2 \tag{3-10}$$

3.1.2　胶结料浆流变模型

流变模型就是指浆体在剪切力的作用下，其切变率和切应力之间的关系。一般把切变率与切应力呈线性关系的流变模型的浆体称为牛顿体；把切变率与切应力呈非线性关系的浆体称为非牛顿体。非牛顿体又可分为宾汉姆体、伪塑性体、膨胀体以及具有屈服应力的伪塑性体。上述五种经典流变模型反映到曲线图上如图 3-1 所示。

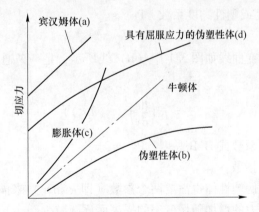

图 3-1　浆体的切变率与切应力关系曲线

3.1.2.1　牛顿体流变模型

当砂浆悬液浓度比较低时，其切变率与切应力呈线性关系，即图 3-1 中经过坐标轴原点的直虚线，这种砂浆流变模型即为牛顿体。其中直虚线的斜率，即表示牛顿体的黏性系数，该流变关系方程式可表示为：

$$\tau = \mu \frac{dv}{dy} \tag{3-11}$$

式中　τ——切应力，Pa；

　　μ——动力黏性系数，Pa·s；

　　$\dfrac{dv}{dy}$——剪切速率，s^{-1}。

在管道输送情况下，式（3-11）可以表示为：

$$\tau = \mu\left(-\frac{dv}{dr}\right) \tag{3-12}$$

3.1.2.2　非牛顿体流变模型

当砂浆悬浮液浓度比较高时，特别是细颗粒物料所占比例较高时，切变率与切应力的关系呈非线性，这种流变模型称为非牛顿体。因为流变特性的区别，非牛顿体分为宾汉姆体、伪塑性体、膨胀体和具有屈服应力的伪塑性体等几种。

A　宾汉姆体

图 3-1 中（a）线所表示的就是宾汉姆体的流变曲线，它是在切应力轴上有一段截距 τ_0 的直线，τ_0 称为屈服应力，一般只有切应力超过这一屈服应力时，该悬浮液才开始流动，流变关系式为：

$$\tau = \tau_0 + \eta \frac{dv}{dy} \tag{3-13}$$

式中　τ_0——屈服应力，Pa；

　　η——刚度或塑性黏度系数，Pa·s。

B　伪塑性体

伪塑性体的流变曲线如图 3-1 中（b）线所示，是一条通过原点的下凹型曲线，流变关系为：

$$\tau = \kappa \left(\frac{dv}{dy}\right)^n \quad (n<1) \tag{3-14}$$

式中　κ——稠度系数或 H-B 黏度，Pa·s；

　　n——流动指数。

据此可得出，伪塑性体也需要两个参数（即 κ 和 n）来描述它的特性，该模型的特点是：切应力的增加随切变率的提高而逐渐减少。

C　膨胀体

膨胀体的流变曲线如图 3-1 中（c）线所示，是一条通过原点的上凸型的曲线，它的流变关系与式（3-14）类似，只是这里 $n>1$。

D　具有屈服应力的伪塑性体

具有屈服应力的伪塑性体的流变曲线如图 3-1 中的（d）线所示，是一条在切应力的轴上截距为 τ_0 的下凹型的曲线，它的流变关系可用下式表达：

$$\tau = \tau_0 + \kappa \left(\frac{\mathrm{d}v}{\mathrm{d}y}\right)^n \quad (n < 1) \tag{3-15}$$

式中符号意义与式（3-13）和式（3-14）类似，共有 3 个参数，即 τ_0、κ 和 n 描述其特性。

3.2 胶结料浆输送阻力计算

3.2.1 管道输送阻力计算基本理论

阻力损失是衡量管道水力输送自流可行性的重要指标。影响料浆流动阻力的因素主要包括料浆流动速度、料浆浓度、管径、颗粒级配、颗粒沉降速度等。料浆的阻力损失计算目前有三种假说，它们分别是扩散理论、重力理论和扩散-重力理论。

扩散理论假说认为固体颗粒均匀地扩散在流体中，把水与固体质点看成没有相对运动，以相同的速度向同一方向运动，因此可以把这种流体看做"伪均质流体"。该假说认为料浆的阻力损失 i_p 与清水的阻力损失 i_0 相似，只需将水的密度 ρ_0 换成料浆的密度 ρ_p，即 $i_p = i_0 \rho_p / \rho_0$。扩散理论虽然计算方便，但是它忽略了料浆颗粒的扩散形式与流体质点并不相同，而且料浆颗粒与流体质点之间还存在相互作用，因而该理论只适用于颗粒粒径较小、浓度较低的似均质浆体。

重力理论假说认为含固体颗粒的料浆在流动中要比清水流动消耗更多的能量 Δi 以维持固体颗粒悬浮，即 $i_p = i_0 + \Delta i$。重力理论补充了扩散理论在固体颗粒与水的相互作用方面的不足，但仅考虑了固体颗粒悬浮所需要的能量，没有考虑输送固体物料所做的功，适用于较粗颗粒的砂浆计算。虽然采用重力理论的计算结果比扩散理论更接近实际值，但它还是比实际测量的值偏小。

第三种为扩散-重力理论假说，是前两种假说的叠加，即 $i_p = i_0 \rho_p + \Delta i$。扩散-重力理论虽然把两相流理论又推进了一步，更接近实际，但还不是非常完善。它只适用于 $v < \dfrac{\sqrt{gD}}{\sqrt[3]{\lambda_0 C \varphi}}$ 的条件下，而且它计算附加阻力损失时是将清水的摩擦阻力系数 λ_0 代入计算的，但是实际的管道摩擦阻力系数 λ 值要比 λ_0 大。

3.2.2 沿程阻力计算

料浆的沿程阻力损失是指料浆所流经的管道无直径变化，且不存在流线的突然改变，而产生的能量损失。它包括料浆与管壁摩擦产生的阻力损失和料浆自身内部摩擦产生的阻力损失。

当料浆流动状态为层流时，它的压力损失主要与输送管道的长度、直径及料浆的黏度、输送的速度等因素有关。其沿程阻力损失计算公式如下：

$$i_p = \frac{\Delta P}{l} = \frac{128\mu Q}{\pi d^4} = \frac{32\mu v}{d^2} \tag{3-16}$$

式中　ΔP ——压力损失，Pa；

　　　　μ ——动力黏度，Pa·s；

　　　　l ——管道长度，m；

　　　　Q ——流量，m^3/s；

　　　　v ——料浆流速，m/s；

　　　　d ——管道直径，m。

　　当料浆流动状态为紊流时，它的沿程阻力损失计算公式如下：

$$i_p = \frac{\Delta P}{l} = \lambda \rho_p \frac{v^2}{2d} \tag{3-17}$$

式中　ΔP——阻力损失，Pa；

　　　　l——管道长度，m；

　　　　λ——紊流阻力系数；

　　　　ρ_p——料浆密度，kg/m^3；

　　　　v——料浆流速，m/s；

　　　　d ——管道直径，m。

　　当管壁面比较光滑时，紊流阻力系数可根据下式得出：

$$\lambda = \frac{0.3164}{Re^{0.25}} \tag{3-18}$$

3.2.3　局部阻力计算

　　局部阻力损失（$\sum h_j$）可按下式计算并最后求总和：

$$h_j = \xi \frac{v^2}{2g} \tag{3-19}$$

式中，ξ 表示局部阻力系数，可按表 3-1 和表 3-2 查询或者按表 3-3 折算长度，计入总长度。

表 3-1　缓慢转弯阻力系数

$\frac{R}{d}$	n	θ							
		15°	30°	45°	60°	90°	120°	150°	180°
1.0	1.0	0.256	0.440	0.560	0.650	0.800	0.904	0.992	1.064
	1.5	0.384	0.660	0.840	0.984	1.200	1.350	1.488	1.595
1.5	1.0	0.192	0.330	0.420	0.492	0.600	0.678	0.744	0.798
	1.5	0.288	0.495	0.630	0.738	0.900	1.017	1.116	1.197
2.0	1.0	0.154	0.264	0.336	0.394	0.480	0.542	0.595	0.638
	1.5	0.230	0.395	0.504	0.590	0.720	0.812	0.893	0.958

续表3-1

$\dfrac{R}{d}$	n	θ							
		15°	30°	45°	60°	90°	120°	150°	180°
3.0	1.0	0.115	0.198	0.252	0.295	0.360	0.407	0.446	0.479
	1.5	0.173	0.297	0.378	0.443	0.540	0.610	6.670	0.718
备注	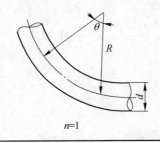 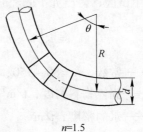 $n=1$ $\qquad\qquad$ $n=1.5$								

表3-2 急转弯阻力系数

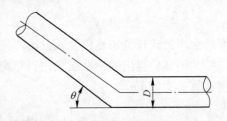

$\theta/(°)$	30	40	50	60	70	80	90
ξ	0.2	0.3	0.4	0.55	0.7	0.9	1.1

表3-3 各种管件折合长度 （m）

名 称	管 径							
	50mm	63mm	76mm	100mm	125mm	150mm	200mm	250mm
弯头（90°）	3.3	4.0	5.0	6.5	8.5	11.0	15.0	19.0
普通接头	1.5	2.0	2.5	3.5	4.5	5.5	7.5	9.5
全开闸门	0.5	0.7	0.8	1.1	1.4	1.8	2.5	3.2
三通	4.5	5.5	6.5	8.0	10.0	12.0	15.0	18.0
逆止阀	4.0	5.5	6.5	8.0	10.0	12.5	16.0	20.0

3.2.4 阻力损失经验公式分析

3.2.4.1 杜兰德公式

杜兰德认为可用下式来计算浆体的水力坡度（i_p）：

$$i_{\mathrm{p}} = i_0\left\{1 + 108C_V^{3.95}\left[\frac{gD(\rho_{\mathrm{s}}-1)}{v^2\sqrt{C_x}}\right]^{1.12}\right\} \tag{3-20}$$

式中　i_0——清水的阻力系数，kPa/m；

　　　C_V——料浆的体积浓度。

$$i_0 = \lambda_0 \frac{v^2}{2gD} \qquad (3-21)$$

杜兰德在管径 19.1 ~ 584.2mm、粒径 0.1 ~ 25.4mm、流速 0.61 ~ 6m/s 的条件下进行了试验，得出如下的经验公式：

$$i_p = i_0 \left[1 + K \left(\frac{gD}{v^2} \times \frac{\rho_s - \rho_0}{\rho_0} \times \frac{1}{\sqrt{C_x}} \right)^{\frac{2}{3}} C_V \right] \qquad (3-22)$$

式中　K——常数，$K = 80 \sim 150$；

　　　ρ_s——固体物料密度，t/m³；

　　　ρ_0——水的密度，t/m³；

　　　C_x——颗粒沉降系数，可用下式表示：

$$C_x = \frac{4}{3} \times \frac{dg(\rho_s - \rho_0)}{\rho_0 v^2} \qquad (3-23)$$

3.2.4.2　金川公式

金川公式是金川有色金属公司研究所、长沙矿山研究院及北京有色设计研究总院共同试验得出的，在细粒物料非均质流输送时推荐使用。非均质料浆水力坡度计算公式如下：

$$i_p = i_0 \left\{ 1 + 106.9^{4.42} \left[\frac{\sqrt{gD}(\rho_s - 1)}{v} \right]^{1.78} \right\} \qquad (3-24)$$

式中符号意义同前。

3.2.4.3　长沙矿冶研究院公式

长沙矿冶研究院公式如下：

$$i_p = i_0 \frac{\rho_p}{\rho_0} \left[1 + 3.68 \frac{\sqrt{gD}}{v} \left(\frac{\rho_p - \rho_0}{\rho_0} \right)^{3.3} \right] \qquad (3-25)$$

式中符号意义同前。式（3-25）是在高浓度水泥砂浆水力输送试验研究中总结出来的，试验条件为：管径 D 为 54 ~ 88mm，料浆密度 ρ_p 为 1.32 ~ 1.60t/m³，输送速度 v 为 0.8 ~ 1.3m/s。

3.2.4.4　鞍山黑色金属矿山设计院（王绍周）公式

鞍山黑色金属矿山设计院（王绍周）公式如下：

$$i_p = \rho_p \left[i_0 + \frac{\rho_p - 1}{\rho_p} \left(\frac{\rho_s - \rho_p}{\rho_s - 1} \right)^n \frac{v_{av}}{100v} \right] \qquad (3-26)$$

$$n = 5 \left(1 - 0.2 \log \frac{v_{av} d_a}{\mu} \right)$$

式中　v_{av}——加权平均沉降速度，cm/s；

d_a——v_{av} 的当量粒径，cm；

μ——料浆的黏性系数。

式（3-26）适用于任何浓度、管径，被认为比较适合用于高浓度料浆的输送阻力计算。

3.3　胶结料浆输送参数计算

3.3.1　临界流速计算

流体中所有固体颗粒完全处于悬浮状态而压头损失又最小的流速称为临界流速。它象征着安全运行的下限，对浆体管道的稳定输送十分重要。当流速低于临界流速时将导致管底形成固体颗粒沉积床面，摩擦阻力也随之相应增大，如果流速进一步减慢，将导致管道阻塞。临界流速随着颗粒粒度、颗粒密度和固体含量的增加而增大，也随着管径的增加而增大。国内外的一些研究表明，临界流速的初始阶段是随浓度的增加而增大的，但当浓度增加到一个限值时，临界流速反而随着浓度的增加而减小，这是由于浓度高时细粒颗粒始终在水中悬浮，也使得较大的颗粒在流体中更易于悬浮，使其临界流速降低。

在实践中，一般情况下料浆的最低工作流速要比临界流速高出 10%~20%。临界流速的经验公式主要有以下几种。

3.3.1.1　金川有色金属公司经验公式

$$v_C = (gD)^{\frac{1}{2}} \left(\frac{\gamma_p - \gamma_w}{K\varphi\gamma_p\gamma_w\lambda} \right)^{\frac{1}{3}} \tag{3-27}$$

式中　v_C——临界流速，m/s；

g——重力加速度，$g = 9.8\text{m/s}^2$；

D——管道直径，m；

γ_p——料浆密度，t/m^3；

γ_w——清水密度，t/m^3；

K——系数，$K = 1.0 \sim 3.0$，平均取 2.0；

φ——固体颗粒沉降阻力系数；

λ——清水的阻力系数。

公式（3-27）是金川有色金属公司在对其矿山进行充填的过程中，经过试验研究及试用总结出来的。该公式考虑了管道直径、料浆密度和沉降等诸多因素，对矿山充填具有很大的实用性。

3.3.1.2　费祥俊临界流速

费祥俊教授等人为了探讨料浆管道不淤流速较为普遍的表达式，从管道非均质流运动机理出发，研究料浆中固体颗粒受紊动支持而不沉降的条件，并利用20世纪80年代以来清华大学泥沙实验室大量的实验观测资料，求得料浆不淤流速与各种参数的定量关系，并在实践中予以修正。最终得到临界不淤流速公式：

$$v_C = \frac{2.26}{\sqrt{f}} \sqrt{gD\left(\frac{\gamma_s}{\gamma_m} - 1\right)} \cdot \left(\frac{d_{90}}{D}\right)^{\frac{1}{3}} \cdot S_V^{\frac{1}{4}} \qquad (3-28)$$

式中　f——阻力系数；

　　　D——管道直径，m；

　　γ_s——固体物料密度，t/m^3；

　γ_m——料浆密度，t/m^3；

　d_{90}——固体颗粒90%能够通过的筛孔直径，mm；

　S_V——料浆的体积浓度。

3.3.1.3　Bechtel 公司的公式

$$v_C = K \sqrt{\frac{\rho_s - \rho}{\rho} D^{\frac{1}{3}} \left|\frac{d_{95}}{\eta}\right|^{\frac{1}{4}} e^{1+4.2C_V}} \qquad (3-29)$$

$$K = K_0 + K_1 C_V + K_2 \tau_0^n$$

式中　K，K_0，K_1，K_2，n——系数；

　　　ρ_s——颗粒密度，t/m^3；

　　　ρ——浆体密度，t/m^3；

　　　D——管道直径，m；

　　d_{95}——固体颗粒95%能够通过的筛孔直径，mm；

　　　η——浆体刚度系数；

　　C_V——浆体的体积浓度；

　　τ_0——屈服切应力。

公式（3-29）综合考虑了料浆的浓度、管道直径、料浆颗粒组成、粒子在管道中的运动情况等各种因素，基本满足管道输送工业设计要求，应用较为广泛。

3.3.2　临界管径计算

胶结料浆最小输送管径：

$$D = 0.384 \sqrt{\frac{A}{C_W \times \gamma_m \times v \times b}} \qquad (3-30)$$

式中　D——最小输送管径，mm；

　　　A——每年输送料浆总量，万吨/年；

　　C_W——料浆重量浓度，%；

　γ_m——料浆的密度，t/m^3；

　　　v——料浆输送速度，m/s；

b——每年的工作天数，d。

3.3.3 通用管径计算

通用管径计算公式的适用条件为：$0.5 < d_{cp} < 10mm$，$100mm \leqslant D \leqslant 400mm$。

当 $\delta \leqslant 3$ 时，可得：

$$D_t = \left[\frac{0.13Q_k}{u^{0.25}(\gamma_k - 0.4)} \right]^{0.43} \tag{3-31}$$

当 $\delta > 3$ 时，可得：

$$D_t = \left[\frac{0.1132Q_k\delta^{0.125}}{u^{0.25}(\gamma_k - 0.4)} \right]^{0.43} \tag{3-32}$$

式中　D_t——通用管径，mm；

d_{cp}——固体颗粒物料加权平均粒径，mm；

δ——固体颗粒的不均匀系数，$\delta = d_{90} - d_{10}$；

d_{90}——小于该粒径的含量占90%的粒径，mm；

d_{10}——小于该粒径的含量占10%的粒径，mm；

Q_k——浆体流量，m^3/s；

u——d_{cp}颗粒的自由沉降速度，m/s；

γ_k——浆体密度，t/m^3。

通常计算出的管径不是标准管径，设计确定管径时常选用稍大于或稍小于计算管径的标准管径。

3.3.4 管壁厚度计算

管壁厚度计算公式繁多，均是基于不同的强度理论所致。对于充填工艺浆体输送管道壁厚的计算公式，推荐一种较为普遍采用的计算公式：

$$t = \frac{kpD}{2[\delta]EF} + C_1T + C_2 \tag{3-33}$$

式中　t——输送管的公称壁厚，mm；

p——钢管允许最大工作压力，MPa；

$[\delta]$——钢管的抗拉许用应力，MPa，常取最小屈服应力的80%；

E——焊缝系数；

F——地区设计系数；

T——服务年限，a；

C_1——年磨钝裕量，mm/a；

C_2——附加厚度，mm；

k——压力系数。

3.4 胶结充填系统选择与优化

3.4.1 胶结充填工艺选择

根据大冶铁矿开采技术条件及充填料来源情况，可供选择的充填工艺有：细骨料膏体泵送嗣后胶结充填、高浓度全尾砂自流输送嗣后胶结充填和高浓度分级尾砂自流输送嗣后胶结充填等。细骨料膏体泵送充填料浆浓度高、基本无脱水、充填体达到同等强度时其胶凝材料单耗稍低，但主要设备需进口，投资和能耗及操作技术要求均较高。而高浓度全尾砂自流输送嗣后胶结充填和高浓度分级尾砂自流输送嗣后胶结充填经近三十年的发展，其基础理论、系统工艺流程、装备、自动控制等不断创新和完善，特别是全尾砂脱水、储存、给料、充填料浆制备输送等工艺技术不断得到发展，系统技术可靠性不断提高，建设投资及运行成本不断下降，目前已日益广泛地运用于矿山生产之中，并取得了预期的技术及经济效益。

从大冶铁矿开采情况来看，大冶铁矿已进入深部开采，深部开采规模将逐步扩大，为保护地表及地面设施，深部开采必将采用充填采矿方法工艺，势必尾砂用量也将大幅增加，若采用分级尾砂充填工艺，现大冶铁矿选矿产生的尾砂量不能满足充填骨料的用量，只有采用全尾砂充填工艺才能实现，同时全尾砂充填比分级尾砂充填简单易行，可充分利用尾砂，不需要对尾砂进行分级处理，故本次设计确定采用全尾砂自流输送嗣后胶结充填。大冶铁矿阶段空场嗣后胶结充填法主要参数见表3-4。

表 3-4   大冶铁矿阶段空场嗣后胶结充填法主要参数

矿体赋存条件	倾角 70°~90°；平均厚度 26m；埋深 −108m ~ −168m
地质特征	矿石主要为磁铁矿，其次为赤铁矿、黄铁矿，并含铜、钴、硫、金、银等多种有用组分；上盘围岩主要为石英闪长岩，下盘围岩主要为大理岩
矿岩力学性质	矿石 f = 12 ~ 14；大理岩 f = 6 ~ 8；闪长岩 f = 10 ~ 14；矽卡岩 f = 7 ~ 12
采场参数	矿块沿矿体走向布置，矿块长 30m，阶段高度 60m，矿房、矿柱宽均为 15m，底柱为 12m
充填配比	充填浆料的浓度为 60%~70%；矿房充填体灰砂比 1:8，矿柱充填体灰砂比 1:20，矿房和矿柱平均灰砂比为 1:14

3.4.2 地表充填系统优化

大冶铁矿采用全尾砂自流胶结充填工艺，充填料尾砂来源于矿山选矿厂尾矿浓缩池底流。充填系统主要包括全尾砂输送、充填料贮存、制备及自动控制、充填料浆输送等子系统。根据矿山生产能力要求，全矿设立一套充填系统，由两个立式砂仓、一个水泥仓、一套搅拌桶、充填管道及相应的控制系统组成。

大冶铁矿地表充填系统包括：地表充填料制备站（即充填站）和地表尾砂输送系统。

通常情况下充填站位置的选择应不受地下开采活动的影响，有合适的充填倍线、足够的工业场地、稳定的水电供应和便捷的交通条件。根据大冶铁矿的地形特点和 –180m 阶段开采矿体、尖山 2 号挂帮矿需要充填的实际情况，结合充填工艺的要求，经过现场勘查和方案筛选，最终确定将充填站建在原煤气钢瓶维修站北面露采边坡旁。此处地基为大理岩基岩，地表交通方便，建设条件好。

充填站（见图 3-2）包括：两座大小相同的圆筒形立式砂仓，每个容积大概为 $500m^3$；一座散装水泥（或其他胶结材料）仓，仓结构取圆筒柱形，底部采用圆锥形结构放出水泥。

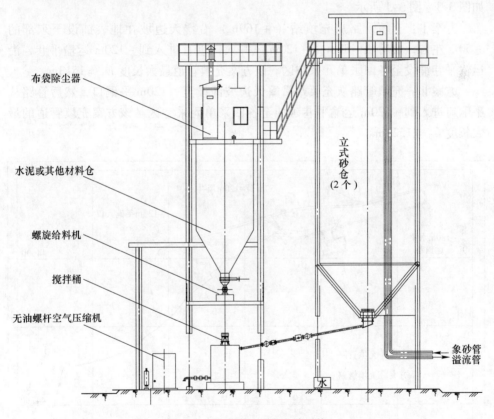

图 3-2 大冶铁矿地表充填系统

地表全尾砂输送系统的工艺流程为：选厂 $\phi45m$ 尾砂浓密机底流（浓度约 33% 的全尾砂）经渣浆泵送至充填站立式砂仓，尾砂在砂仓内自然沉降贮存，充填前排除全尾砂料面上的澄清水，然后采用压气（水）造浆，造好的砂浆再由放砂管溜放至搅拌桶。

水泥（或胶骨料）给料系统为：水泥经水泥罐车运至搅拌站，用压缩空气输送至水泥仓内，然后经双管螺旋输送机送至搅拌桶。搅拌桶均匀搅拌成65%～75%浓度的浆体通过管道自流输送至井下采场。

3.4.3　充填管道网络设计

通过制浆后，由搅拌桶放出的砂浆经管道放入充填管道入口上部的喇叭口灌入充填管道。充填管道地面铺设部分和充填通风井或充填钻孔内的竖管采用了陶瓷内衬复合钢管，井下水平管道采用超高分子量的聚乙烯管材接至充填地点。

井下充填系统主要涉及井下管网布置，此次 -180m 阶段嗣后充填的管网主要布置在 -120m 水平。根据现场地形及其他条件，可设计出两种管网布置方案，如图 3-3 ~ 图 3-5 所示。

方案Ⅰ：充填管路从充填站（ +169m）沿露天边坡在地表铺设至东部的 -50m 左右，然后从 -50m ~ -120m 风井入口垂直进入到 -120m 运输平巷，沿运输平巷铺设至各回采单元采空区。该方案充填管道最大长度 $L_I = 1513m$。

方案Ⅱ：充填管路从充填站沿露天边坡铺设至 -120m 平硐口，然后管路从平硐口进入到 -120m 运输平巷延伸至各回采单元采空区。该方案充填管道的最大长度 $L_{II} = 1528m$。

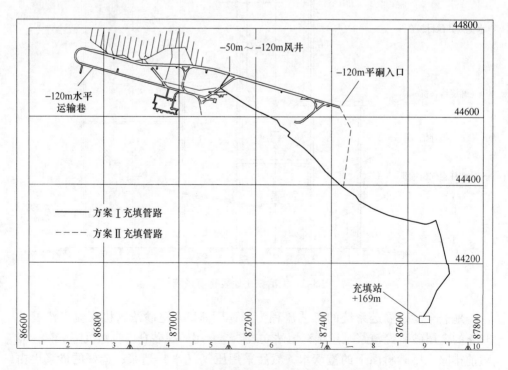

图 3-3　大冶铁矿充填管道（地表部分）布置方案

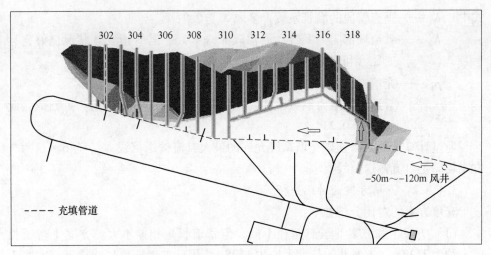

图 3-4　方案 I 充填管道（地下部分）布置

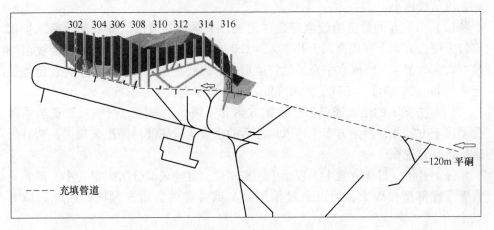

图 3-5　方案 II 充填管道（地下部分）布置

3.4.3.1　充填倍线计算

先计算高度 H：充填料出口标高 + 169m，最终到达 – 120m 水平，故 $H =$ 289m。

因此，两方案的充填倍线分别为：

$$N_{\mathrm{I}} = \frac{L_{\mathrm{I}}}{H} = \frac{1513}{289} = 5.23$$

$$N_{\mathrm{II}} = \frac{L_{\mathrm{II}}}{H} = \frac{1528}{289} = 5.29$$

一般情况下，充填系统允许的最大自流充填倍线按下式计算：

$$N_{\max} = \frac{K_1 \rho_{\mathrm{m}}}{K_2 i} \tag{3-34}$$

式中　　K_1 —— 垂直管段的满管系数，多取 $K_1 = 0.9$；

　　　　K_2 —— 管道局部阻力系数，通常取 $K_2 = 1.15$，若管道安装状况良好，且变径管和弯管数量不多，可取 $K_2 = 1.10$；

　　　　ρ_m —— 充填料浆密度，此处取 70% 料浆的密度 $\rho_m = 1.914 t/m^3$；

　　　　i —— 管道平均阻力系数，kPa/m，根据表 3-9 中的摩擦阻力系数值，此处取 $i = 0.234$。

通过计算得到大冶铁矿充填系统允许的最大自流输送倍线 N_{max} 为 6.4，两个方案均满足自流输送倍线要求。

3.4.3.2　充填方案的对比分析

充填方案的对比分析如下：

(1) 方案 I 和方案 II 虽然路径不同，但管道长短相差不大。方案 I 管道长度大约为 1513m，方案 II 的长度大约为 1528m，因此二者充填倍线接近，方案 I 的充填倍线略小。

(2) 方案 II 的管道铺设全部是在地表、平硐及巷道内，施工及后期维护都比较方便；方案 I 利用通风天井进入 –120m 水平，由于方案 I 的管道铺设前半段有大部分都与 –96m 水平充填的管道重合，因此直接从 –96m 水平将管道连接至 –120m 水平即可，工程量大大降低，最容易实现。

(3) 方案 I 的地表铺设部分要比方案 II 平缓，地表阻力损失及管道磨损状况要优于方案 II，但是方案 I 进入风井后的垂直管段底部局部损失较大，弯管处磨损也不容忽视。

综上分析，可知方案 I 工程量小，易实现，且地表部分阻力损失小，虽然垂直管段底部磨损较大，但可通过采用高耐磨性能的管材来预防，因此选取方案 I。

3.4.4　料浆自流输送指标验算

3.4.4.1　充填料浆组分的质量计算

(1) 固体干物料密度（t/m^3）：

$$\delta_s = \frac{\gamma_c \gamma_s (1 + n)}{\gamma_s + n \gamma_c} \tag{3-35}$$

(2) 充填料浆密度（t/m^3）：

$$\delta_m = \frac{\delta_s}{C_W + \delta_s (1 - C_W)} \tag{3-36}$$

(3) 每立方米料浆中胶骨料质量（t）：

$$q = \delta_m \frac{C_W}{1 + n} \tag{3-37}$$

（4）每立方米料浆中砂子的质量（t）：

$$q_s = \delta_m \frac{C_W n}{1 + n} \tag{3-38}$$

（5）每立方米料浆中水的质量（t）：

$$q_w = \delta_m (1 - C_W) \tag{3-39}$$

式中　δ_s——固体干物料密度，t/m^3；

　　　δ_m——充填料浆密度，t/m^3；

　　　γ_c——胶骨料密度，t/m^3；

　　　γ_s——全尾砂密度，t/m^3；

　　　C_W——充填料浆质量浓度，%；

　　　n——灰砂比。

已知大冶铁矿全尾砂密度为 $3.18t/m^3$，胶骨料密度为 $2.90t/m^3$。设计矿房充填料浆灰砂比为 1:8，可计算得出此时固体干物料密度为 $3.146t/m^3$。利用上述公式计算充填料浆密度及材料消耗，见表 3-5 和表 3-6。

表 3-5　每立方米充填料浆密度及材料消耗

灰砂比	质量浓度/%	料浆密度/t·m⁻³	尾砂/t	水泥/t	水/t
	60	1.693	0.905	0.113	0.677
	63	1.754	0.985	0.123	0.649
1:8	65	1.797	1.041	0.130	0.629
	68	1.865	1.131	0.141	0.597
	70	1.914	1.195	0.149	0.574

表 3-6　每小时充填料浆材料消耗

流量/m³·h⁻¹	质量浓度/%	尾砂/t	水泥/t	水/t
	60	45.25	5.65	33.85
	63	49.25	6.15	32.45
50	65	52.05	6.50	31.45
	68	56.55	7.05	29.85
	70	59.75	7.45	28.70

注：未计入引流水、清洗管用水。

3.4.4.2　充填料浆体积浓度与质量浓度

已知充填料浆质量浓度与体积浓度的关系式为：

$$C_V = \frac{\delta_m}{\delta_s} C_W \tag{3-40}$$

式中　C_W ——料浆质量浓度,%;

　　　C_V ——料浆体积浓度,%;

　　　δ_s ——固体干物料密度,t/m^3;

　　　δ_m ——充填料浆密度,t/m^3。

利用两者的关系式,可得出大冶铁矿充填料浆在灰砂比为1:8时,各质量浓度料浆所对应的体积浓度,见表3-7。

表 3-7　充填料浆（1:8）质量浓度与体积浓度对应表

质量浓度/%	60	63	65	68	70
体积浓度/%	32.3	35.1	37.1	40.3	40.6

3.4.4.3　临界流速的计算

根据前面的金川公式计算灰砂比为1:8,浓度为70%的充填料浆（料浆密度 1.914t/m^3）在充填管道输送中的临界流速。首先根据下式计算出固体颗粒沉降阻力系数 φ:

$$\varphi = \frac{\pi}{6}\frac{(\rho_s - \rho_0)gd}{\rho_0 v_s^2} \tag{3-41}$$

式中　ρ_s ——固体颗粒密度,此处取 1:8 灰砂比,固体物料密度为 $\rho_s = 3.146t/m^3$;

　　　ρ_0 ——水的密度,$\rho_0 = 1t/m^3$;

　　　d ——固体颗粒直径,此处取 $d = 0.1mm$;

　　　v_s ——颗粒沉降速度,紊流时,$v_s = 51.1\left[\frac{d(\rho_s - \rho_0)}{\rho_0}\right]^{0.5} = 0.0075m/s$。

由此可计算出 φ 值为 19.64,将其代入金川公式,得到临界流速:

$$v_C = (gD)^{\frac{1}{2}}\left(\frac{\gamma_p - \gamma_w}{K\varphi\gamma_p\gamma_w\lambda}\right)^{\frac{1}{3}}$$

$$= (9.8 \times 0.107)^{\frac{1}{2}}\left(\frac{1.914 - 1}{2 \times 19.64 \times 1.914 \times 1 \times 0.02}\right)^{\frac{1}{3}}$$

$$= 0.869m/s$$

一般情况下,临界流速要乘以 1.1 或 1.2 的安全系数后才可以作为设计流速,因此设计充填流速为 1.0m/s。由于在管道自流输送中还有很多不可控因素,为避免堵管等事故的发生,充填料浆的实际流速应大于 1.0m/s。

3.4.4.4　充填量计算

大冶铁矿原矿生产规模大概 30 万吨/年,矿石密度 3.97t/m^3,按下式可计算出年充填量:

$$Q_n = \frac{Q_k}{\rho_k} \times Z \qquad (3\text{-}42)$$

式中　Q_n——矿山年平均充填量，m^3/a；

$\quad\quad Q_k$——矿山年产量，t/a；

$\quad\quad \rho_k$——矿石密度，t/m^3；

$\quad\quad Z$——采充比，一般取 $Z = 0.8 \sim 1.0$，考虑到矿体难于完全结顶和采出

部分附产矿石等因素使采充比 $Z < 1.0$，此处计算取 $Z = 0.9$。计算

得：

$$Q_n = \frac{3 \times 10^5}{3.97} \times 0.9 = 6.80 \times 10^4 m^3/a$$

大冶铁矿充填搅拌站的工作制度为：220d/a，2 班/d，连续充填时间最多可达 14h。据此计算，充填站每天的平均充填量（Q_d）和每小时的平均充填量（Q_h）分别为：

$$Q_d = \frac{6.80 \times 10^4}{220} = 309 m^3/d$$

$$Q_h = \frac{309}{14} = 22 m^3/h$$

目前充填站的充填能力为 $50m^3/h$，日充填采空区量可达 $700m^3/d$，年充填量就为 15.4 万立方米，完全能够满足空区充填量的要求。

3.4.4.5　计算临界管径 D_L

充填站每秒充填量（m^3/s）为：

$$Q_s = \frac{\pi}{4} D_L^2 v_C \qquad (3\text{-}43)$$

式中　Q_s——充填站每秒充填量，m^3/s，按 $50m^3/h$ 计算，$Q_s = 0.0139 m^3/s$；

$\quad\quad D_L$——临界管径，m；

$\quad\quad v_C$——临界流速，m/s。

由式（3-43）可计算出管道的临界管径为：

$$D_L = \sqrt{\frac{4Q_s}{\pi v_C}} = \sqrt{\frac{4 \times 0.0139}{3.14 \times 0.869}} = 0.143 m \qquad (3\text{-}44)$$

按照原则，实际选取大冶铁矿充填管道的管径时，标准管径 D 应略小于临界管径 D_L。因此，最终选用了 DN121×11 陶瓷内衬复合钢管和 DN107×6 超高分子量聚乙烯管。

3.4.4.6　计算实际流速

实际流速为：

$$v = \frac{4Q_s}{\pi D^2} = \frac{4 \times 0.0139}{3.14 \times 0.121^2} = 1.21 m/s \qquad (3\text{-}45)$$

计算出的实际流速大于前面算出的临界流速，满足设计要求。

3.4.4.7　管道摩擦阻力系数

管道摩阻系数 λ，可以先根据表 3-8 查出绝对粗糙度 ε，然后按表 3-9 来选择。此处取 $\varepsilon = 0.2\text{mm}$，根据 $D = 0.107\text{m}$，取 $\lambda = 0.0234$。

表 3-8　各种管道的绝对粗糙度 ε

管　道　种　类	ε /mm
新的无缝钢管、镀锌管	0.05 ~ 0.2
稍有侵蚀的钢管和无缝钢管	0.2 ~ 0.3
新生铁管	0.3 ~ 0.5
旧钢管，侵蚀显著的无缝钢管	0.5 以上
旧生铁管	0.86 ~ 1.0

表 3-9　按尼古拉兹公式计算的 λ 值

ε /mm	管径/m					
	0.075	0.10	0.125	0.150	0.175	0.20
0.2	0.0253	0.0234	0.0221	0.0211	0.0202	0.0196
0.5	0.0332	0.0304	0.0284	0.0270	0.0258	0.0249
1.0	0.0418	0.0380	0.0352	0.0332	0.0316	0.0304

3.4.4.8　计算水力坡度

以充填量为 $50\text{m}^3/\text{h}$，灰砂比为 1:8，最大浓度 70% 的砂浆为例进行计算。由前面计算可知，砂浆的体积浓度为 40.6%，砂浆密度为 1.914t/m^3，固体干物料密度为 3.146t/m^3，颗粒沉降阻力系数为 19.64。

首先计算清水阻力为：

$$i_0 = \lambda_0 \frac{v^2}{2gD} = 0.0234 \times \frac{1.21^2}{2 \times 9.8 \times 0.107} = 0.0163\text{kPa/m}$$

（1）若按金川公式计算，则：

$$i_p = i_0 \left\{ 1 + 108 C_V^{3.95} \left[\frac{gD(\rho_s - 1)}{v^2 \sqrt{C_x}} \right]^{1.12} \right\}$$

$$= 0.0163 \times \left\{ 1 + 108 \times 0.406^{3.95} \left[\frac{9.8 \times 0.107(3.146 - 1)}{1.21^2 \times \sqrt{19.64}} \right]^{1.12} \right\}$$

$$= 0.0316\text{mH}_2\text{O/m}$$

（2）若按长沙矿冶研究院公式计算，则：

$$i_p = i_0 \frac{\rho_p}{\rho_0} \left[1 + 3.68 \frac{\sqrt{gD}}{v} \left(\frac{\rho_p - \rho_0}{\rho_0} \right)^{3.3} \right]$$

$$= 0.0163 \times \frac{1.914}{1.0} \left[1 + 3.68 \frac{\sqrt{9.8 \times 0.107}}{1.21} \left(\frac{1.914 - 1.0}{1.0} \right)^{3.3} \right]$$

$$= 0.1027 \mathrm{mH_2O/m}$$

（3）若按鞍山黑色金属矿山设计院公式计算，则：

$$i_{\mathrm{p}} = \rho_{\mathrm{p}} \left[i_0 + \frac{\rho_{\mathrm{p}} - 1}{\rho_{\mathrm{p}}} \left(\frac{\rho_{\mathrm{s}} - \rho_{\mathrm{p}}}{\rho_{\mathrm{s}} - 1} \right)^n \frac{v_{\mathrm{av}}}{100v} \right]$$

$$= 1.914 \times \left[0.0163 + \frac{1.914 - 1}{1.914} \left(\frac{3.146 - 1.914}{3.146 - 1} \right)^{11.3} \frac{0.0075}{100 \times 1.21} \right]$$

$$= 0.0312 \mathrm{mH_2O/m}$$

式中 n 为干扰指数，计算如下：

$$n = 5 \left(1 - 0.2 \log \frac{v_{\mathrm{av}} d_{\mathrm{a}}}{\mu} \right)$$

$$= 5 \times \left(1 - 0.2 \log \frac{0.0075 \times 0.1 \times 10^{-3}}{1.42} \right) = 11.3$$

综合上述三个结果，为安全起见取最大水力坡度值，即以长沙矿冶研究院公式计算为准，$i_{\mathrm{p}} = 0.1027 \mathrm{kPa/m}$。

按照上述方法，依次计算在其他流量和浓度情况下的水力坡度，得到的结果见表 3-10。由计算结果可知，随着料浆浓度的增大，充填管道输送的水力坡度也逐渐增大，料浆的浓度越高管道输送的沿程阻力损失越大；另外管道输送的水力坡度也随充填流量的增加而增大，流量越大阻力损失越大。

表 3-10   不同流量不同浓度下的水力坡度　　　　　　（kPa/m）

	浓度/%	60	63	65	68	70
流量/m³·h⁻¹	50	0.0532	0.0637	0.0724	0.0891	0.1027
	65	0.0799	0.0938	0.1055	0.1276	0.1465
	80	0.1244	0.1321	0.1436	0.1712	0.1948

3.4.4.9 计算局部阻力损失

局部阻力损失主要是由弯头、三通、法兰盘、管道变径等引起的两相流特性改变引发的，总的局部阻力可以由各个管件局部阻力相加得到。由于实际铺设中产生局部阻力的管件太多，逐个计算比较不方便，所以此处采用经验方法，即按管道沿程阻力损失的 10% 计算，即：

$$h_{\mathrm{j}} = 0.1 i_{\mathrm{p}} L$$

3.4.4.10 计算总水压头 H

以充填量为 $50 \mathrm{m^3/h}$，灰砂比为 1:8，最大浓度 70% 的砂浆为例进行计算，则总水压头为：

$$H = \frac{\rho_p}{\rho_0}(Z_2 - Z_1) + i_pL + 0.1i_pL$$

$$= \frac{1.914}{1.0}(-120 - 169) + 0.1027 \times 1513 \times 1.1$$

$$= -382.22mH_2O = -3.75MPa \qquad (3-46)$$

式中　Z_1——充填站搅拌桶出口标高，$Z_1 = +169m$；

　　　Z_2——井下充填管道出口标高，$Z_2 = -120m$；

　　　L——充填管道全长，$L_1 = 1513m$，$L_{II} = 1528m$。

按照公式（3-46），依次计算在不同流量和浓度情况下的总水压头，得到的结果见表3-11。计算得到的总水压头都小于0，因此大冶铁矿全尾砂胶结充填系统在下列流量和浓度范围内可以实现自流输送。

表 3-11　不同流量不同浓度下的总水压头　　　　　（MPa）

	浓度/%	60	63	65	68	70
	50	-3.93	-3.93	-3.86	-3.77	-3.69
流量/m³·h⁻¹	65	-3.49	-3.44	-3.32	-3.15	-2.98
	80	-2.77	-2.81	-2.69	-2.43	-2.19

3.4.4.11　充填管路最大工作压力 P

充填管道的最大工作压力可近似按照砂浆自然压头计算：

$$P = \rho_p g(Z_1 - Z_2) = 1.914 \times 10^3 \times 9.8 \times (169 + 120) = 5.42MPa$$

3.4.5　料浆流变特性分析

3.4.5.1　试验材料

试验原料主要为大冶铁矿全尾砂，为了保证实验材料数据与现场原材料的完整性，从矿山选矿厂大井底流选取20%~30%质量浓度的全尾砂浆，通过大油桶直接托运至实验室。经检测可知，尾矿的主要化学成分为 SiO_2、Al_2O_3、CaO、FeO 和 MgO，其质量分数占总量的61.27%。按照表示矿物化学成分指标计算公式，对其化学成分进行化学成分分析，可以得出其碱度系数为0.56，属酸性尾矿；质量系数为0.90；活性系数为0.47，按尾矿划分品质标准，其属于二类。

3.4.5.2　试验测试设备及过程

实验仪器为 R/S 型四叶桨式旋转流变仪，采用控制剪切速率的方式进行剪切测试，测试时将转子置于500mL的烧杯中进行流变测试，以可变化的剪切速率旋转，多次配浆、多次测量取均值以消除误差，实时记录相应的剪切应力值和表观黏度值，剪切速率范围 $0 \sim 120s^{-1}$，时间120s。为了研究不同质量浓度条件下料浆的料浆流变参数，分别测定质量浓度为60%、63%、65%、68%和70%的料浆在不同剪切速率下，剪切应力随时间的变化数据并记录其对应的流变参数。

3.4.5.3　流变特性分析

屈服应力与黏度是表征料浆流变的两个基本参数。其中屈服应力有动态屈服应力与静态屈服应力之分。产生屈服应力的料浆浓度与细颗粒的粒径和含量有关，颗粒越细或细颗粒含量越高，出现屈服应力的浓度也越低。黏度反映了料浆流动时本身内摩擦角的大小，是流体分子微观作用的宏观表现，浆体黏度受固体颗粒的大小、分布、浓度、固体颗粒与液体分子间的动量交换等因素影响。

通过分析流变仪测得的数据，利用流变模型通式对实验结果进行拟合，得到不同条件下的料浆流变模型及流态指标，见表 3-12。从表 3-12 可以得出，料浆的动态屈服应力和黏度值随着料浆质量分数的不断增加而增大，其中，当料浆质量分数从 68% 上升到 70% 时，料浆的流变特性发生质的变化，初始剪切应力急剧增加，增加量为 56.3MPa，是质量分数为 68% 时的 2 倍；料浆的黏度从 0.02Pa·s 增加到 0.4Pa·s，增加幅度达 20 倍，这主要是由于随着料浆质量分数的增高，固体颗粒间及固体颗粒发生水化作用形成的絮网状结构越来越强，抵抗剪切变形的能力也随之增强，因而受剪切破坏的程度也越厉害，同时表明浓度越高，料浆在管道中运行的阻力越大，输送过程阻力损失越多，越不易于自流输送。

表 3-12　不同条件下的充填料浆流变模型

浓度/%	动态屈服应力/Pa	黏度/Pa·s	回归方程	回归精度 R^2
60	4.410	0.00008	$\tau = 4.410 + 0.00008\gamma^{2.618}$	0.9932
63	9.588	0.00016	$\tau = 9.588 + 0.00016\gamma^{3.353}$	0.9810
65	17.879	0.02710	$\tau = 17.879 + 0.0271\gamma^{1.265}$	0.9947
68	41.055	0.02740	$\tau = 41.055 + 0.0274\gamma^{1.373}$	0.9918
70	97.377	0.42050	$\tau = 97.377 + 0.420\gamma^{0.899}$	0.9983

为了研究料浆的流态变化，利用流变模型通式对不同条件下料浆的剪切应力与剪切速度进行拟合，得到了不同质量分数条件下的料浆流态模型，见表 3-12，对比表 3-12 中表征料浆流态的指标可以得出，不同质量分数条件下料浆的流变模型不同，质量分数为 60%~68% 的高浓度料浆流变性能的指数 $n > 1$，表明料浆属于膨胀体；当质量分数为 70% 时，料浆性能指数 $n < 1$，说明其流态已发生变化，此时料浆属于伪塑性体。根据实验拟合的流变模型，表明料浆的流态与质量浓度密切相关，随着质量分数的不断增加，料浆则逐渐从膨胀体过渡到伪塑性体，二者间存在临界流态质量分数，即临界流态浓度，当料浆质量数超过临界值，料浆流变特性曲线呈下凹型，表明剪切应力增加到一定值时，便随着剪切速率的增大而下降；通过拟合流态指数与质量浓度间关系，可以得到关系方程式如下：

$$n = 15.48 - 20.83X \tag{3-47}$$

式中，X 为料浆质量浓度。因此，当 $n = 1$ 时，即料浆为宾汉姆体时，质量浓度 $X = 69.5\%$，表明料浆流态特性表现为宾汉姆体时质量分数为 69.5%。

图 3-6 为不同质量浓度条件下料浆的流变特性曲线，从图 3-6 中可以看出，随着料浆质量浓度的增高，料浆的流变特性逐渐发生变化，当料浆浓度达到一定值时，料浆剪切应力-剪切速率的曲线逐渐由非线性向线性过渡，当浓度近似达到 70% 时，拟合曲线基本趋于线性。这说明当充填料浆质量浓度约为 70% 时，随着剪切速率的不断增加，料浆的屈服剪切力趋于线性稳定增加，主要表现出似宾汉姆体特征；当浓度低于 70% 时，料浆流变行性曲线呈上凹型，表明剪切应力随着剪切速率增加而增长；当浓度高于 70% 时，料浆流变特性曲线呈下凹型，表明剪切应力增加到某一定值时，便随着剪切速率增加而降低。

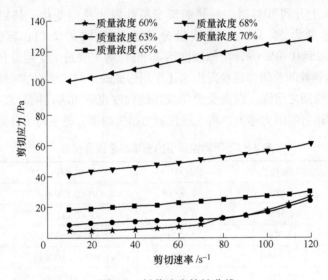

图 3-6　料浆流变特性曲线

3.5　管道输送模拟分析

Fluent 软件是美国 FLUENT 公司开发出的通用计算流体力学（CFD）软件，在工程技术领域的流体建模和流场分析中用途广泛。为了获得大冶铁矿全尺寸长距离管道自流输送特性，本节借助 Fluent 模拟软件，研究充填料浆浓度及流量对其管道输送阻力的影响，着重分析料浆在弯管输送过程中的应力分布和阻力损失。

根据大冶铁矿的现场充填条件，大冶铁矿充填系统设计的充填能力为 50 ~ 80m³/h。为了保持与实际情况相符合，模拟分析料浆在质量浓度为 60%、63%、65%、68%、70%，流量为 50m³/h、65m³/h、80m³/h 的情况下管道流速分布规律、压力分布规律以及浓度、流量对料浆自流输送的影响。

3.5.1 料浆输送管道建模

3.5.1.1 充填管道布置设计方案

充填管道布置设计方案如下：

充填站（+169m）→ −50m ~ −120m 风井→ −120m 运输平巷→各回采单元采空区

最大长度 L：地表部分从充填站（+169m）沿露天边坡至 −50m ~ −120m 风井入口大约铺设 1047m；−50m ~ −120m 风井内垂直布置 70m；到达 −120m 水平后，沿 −120m 运输平巷最远铺设至西部的 302 矿房，井下部分铺设最远距离为 396m。综上，该方案充填管道最大长度 $L = 1513m$。

高度 H：充填料出口标高 +169m，最终到达 −120m 水平，因此 $H = 289m$。

3.5.1.2 建模及模型导出

Fluent 软件是采用 Gambit 前处理软件来建立计算模型和生成网格的。该管道系统采用 2D 平面模型建模，建模的参数参照前面管网布置的简化进行。设计方案的主要建模尺寸参数如图 3-7 所示（虚线表示充填管道）。地表和通风井内采用 ϕ121mm 陶瓷复合钢管，井下水平巷道采用 ϕ107mm 超高分子量聚乙烯管。模型建好后，采取壁面弯处局部加密的方法划分表格，制定的边界条件分别为速度入口和自由出流，输出 Mesh 文件以后，用 Fluent 导入 Mesh 文件进行求解。选择二维双精度求解器，启动以后，首先对读入的网格进行检查，显示网格，最终划分完的网格如图 3-8 所示，由于模型比例模仿现场管网布置，显示大图无法清晰地看到细节网格，故图 3-8 为弯头局部放大截图。

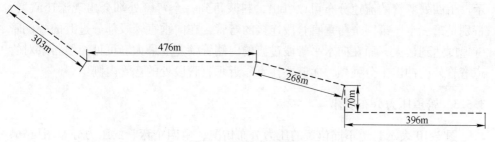

图 3-7 充填管道模型

3.5.2 料浆流速分布规律

由前述研究可知该矿的料浆质量浓度约为 70% 时，料浆的流变特性最为稳定。因此，以分析料浆流量 $50m^3/s$，质量浓度为 70% 时管道流速分布规律为例，如图 3-9 所示。图 3-9（a）表示管道入口处的流速变化，由图中可以看出，近管壁处的流速较低且流动状态稳定，管道中心部分的料浆流速呈逐渐上升的趋势，

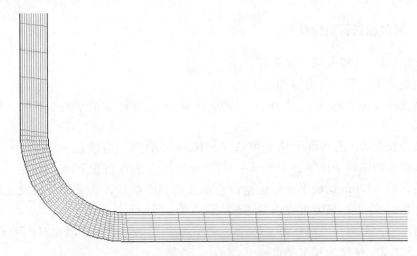

图 3-8　弯管部分网格划分局部放大图

越靠近中心流速越大。图 3-9（b）、（c）表示管网的第一处弯管和第二处弯管处的流速分布规律，从其流速分布情况图来看，料浆在这二处的流速分布比较均匀。当料浆流经第三弯管处时，料浆流速在弯管处明显发生突变，从靠近弯管的入口处开始速度递增，一直到弯管出口，流速最大位置出现在弯管出口前一小段直至弯管出口处，如图 3-9（d）所示。相反，当料浆从垂直管道段流至水平段时，料浆流速在水平管段处速度激增，且内侧管壁流速最大，如图 3-9（e）所示。当料浆流经第四处弯管进入水平输送段时，水平管道底部的料浆流度明显要高于上部，因此可知，水平管段底部管壁的磨损会比上部严重，如图 3-9（f）所示。由四处弯管的流速分布可以看出，料浆每到一个弯管处都会出现流速激增，特别是第三个、第四个与垂直管段连接的弯管，在向垂直管段部分过渡的外侧管壁速度达到最大，而在向水平管段过渡的内侧管壁速度最大。可见充填料浆对管道弯管处的冲击十分强烈，尤其要注意靠近垂直管段处的弯管内侧。

3.5.3　管道压力分布规律

图 3-10 表示管道不同位置的压力分布情况，由四个弯管的压力分布图可知，在料浆输送中压力较大的部分出现在弯管内侧，压力最突出的部分还是弯管向竖直管段过渡的部分，临近的水平管段过渡部分的压力也不容忽视。而垂直管段和水平管段的压力分布则比较规律，从管道中心位置向管壁逐渐减小，靠近管壁处压力最小且基本稳定。水平管段的底部管壁处压力要高于上部管壁。结合流速分析的结果，可推断管网磨损最严重的部位就是四个弯头和临近的垂直管段、水平管段的过渡部分，以及水平管段的底部管壁。

从上述充填管道各管段料浆流速分布规律和压力分布规律可以得知，在管道

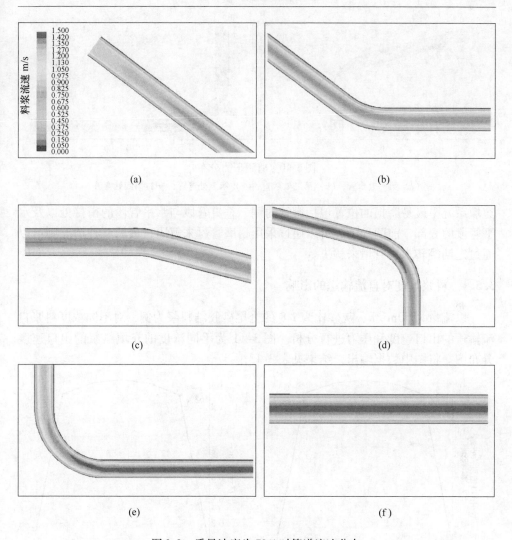

图 3-9 质量浓度为 70% 时管道流速分布

（a）入口处；（b）第一处弯管；（c）第二处弯管；（d）第三处弯管；（e）第四处弯管；（f）出口水平管道

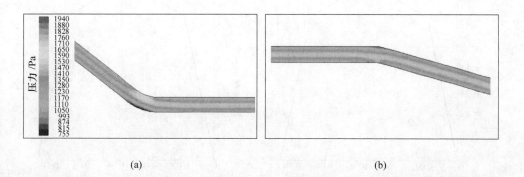

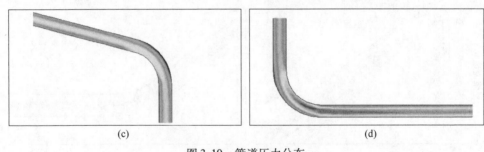

图 3-10　管道压力分布

（a）第一处弯管；（b）第二处弯管；（c）第三处弯管；（d）第四处弯管

充填系统中最易磨损的位置包括弯管内侧、垂直管段与水平管段的衔接处以及水平管段的底部，前两种情况可以通过采用耐磨管材来解决，最后一种情况则可以通过定期翻转水平管道来解决。

3.5.4　料浆浓度对自流输送的影响

　　以流量为 50m³/h、灰砂比为 1:8 的全尾砂胶结料浆为例，对不同浓度料浆自流输送的出口速度和压力进行分析。图 3-11 为不同浓度的充填料浆的出口速度分布图。将图中数据输出，结果见表 3-13。

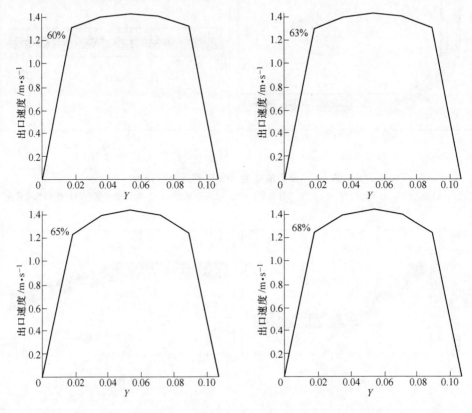

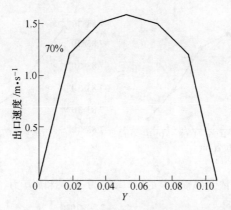

图 3-11 不同浓度料浆的出口速度分布

表 3-13 不同浓度料浆进出口速度分析

浓度/%	进口速度/m·s^{-1}	出口平均速度/m·s^{-1}	出口最大速度/m·s^{-1}
60	1.21	1.146	1.438
63	1.21	1.147	1.443
65	1.21	1.156	1.493
68	1.21	1.156	1.492
70	1.21	1.168	1.589

由上述图表可知，在模拟的浓度范围内，充填管道出口的平均流速和最大流速都随着浓度的增加而增大，但是整体速度大小相差不大，非常接近，所以当充填量为 50m^3/h 时，全尾砂胶结充填料浆的浓度变化对其输送速度的影响不是非常显著。

图 3-12 ~ 图 3-16 是不同浓度料浆在管道出口的动压力及静压力分布图。

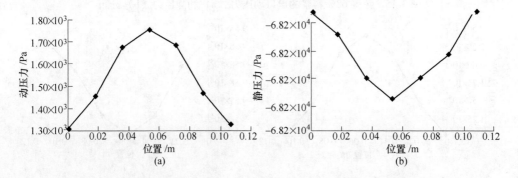

图 3-12 浓度 60% 料浆的出口动压力（a）和静压力（b）分布

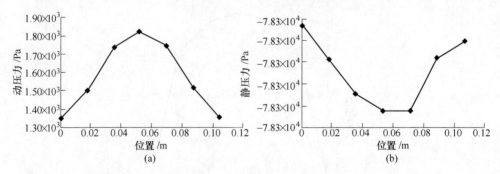

图 3-13　浓度 63% 料浆的出口动压力（a）和静压力（b）分布

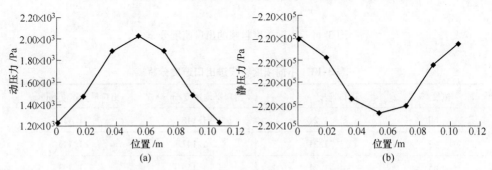

图 3-14　浓度 65% 料浆的出口动压力（a）和静压力（b）分布

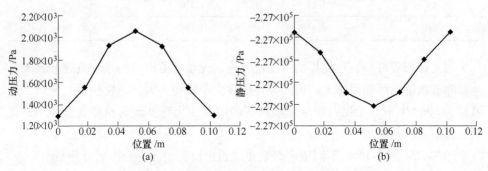

图 3-15　浓度 68% 料浆的出口动压力（a）和静压力（b）分布

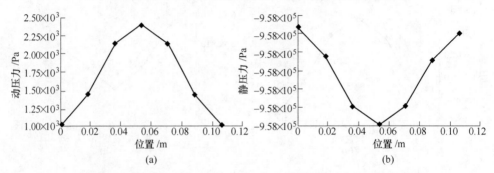

图 3-16　浓度 70% 料浆的出口动压力（a）和静压力（b）分布

由图 3-12 ~ 图 3-16 可以看出，在管道输送中，管道横截面上动压力从中心线向管壁方向逐渐减小，而静压力则与之相反，从中心线向管壁逐渐增大，且管道中静压力远远大于动压力，因此管壁承受的压力主要是静压力。由 5 个不同浓度的静压力分布图还可以看出，浓度为 60%、63% 时，静压力沿管径呈不对称分布，料浆流动不稳定，65% 以后静压力开始呈对称分布，料浆流动状态相对稳定。将图中数据输出，得到表 3-14 中的结果。

表 3-14 不同浓度料浆进出口压力分析

浓度/%	静压力/kPa			动压力/kPa		
	入口	出口	静压力差	入口	出口	动压力差
60	7.82	−68.23	76.05	1.24	1.56	−0.32
63	8.99	−78.34	87.33	1.28	1.61	−0.33
65	25.46	−219.76	245.22	1.31	1.66	−0.35
68	26.24	−226.51	252.75	1.36	1.72	−0.36
70	111.25	−957.99	1069.24	1.37	1.77	−0.40

由表 3-14 可知，随着料浆浓度的增大，充填管道入口和出口的压力差逐渐增大，其中静压力差变化最为明显，尤其是浓度达到 70% 时静压力差突然大幅增长。相比于静压力差，进出口的动压力差虽然也随浓度增大，但涨幅微弱，因此在考虑全压差时可将其忽略，直接参考静压力差。由伯努利方程可知，随着充填管道进出口压力差的增大，管道的阻力损失也随之逐渐增大，当料浆浓度达到 70% 时，阻力损失大幅增加，因此充填时应将料浆浓度控制在 70% 以下。综合上述结论，料浆浓度控制在 65%~70% 最优。

3.5.5 料浆流量对自流输送的影响

根据矿山设计的充填能力为 $50 \sim 80 m^3/h$，保持充填料浆浓度不变，分别选取料浆流为 $50 m^3/h$、$65 m^3/h$、$80 m^3/h$ 进行模拟分析，得到了不同流量条件下管道自流输送的进出口流速和压力，结果见表 3-15 和表 3-16。由表 3-15 和表 3-16 可知，当料浆流量从 $50 m^3/h$ 增加到 $80 m^3/h$ 时，其管道出入口的静压力差增加了近一倍多；随着充填料浆流量的增加，管道进出口压差也逐渐增大，充填料浆流量越大，管道的阻力损失也随之增大，阻力损失越大，越不易于料浆的长距离自流输送，因此，大冶铁矿的充填流量保持在 $50 m^3/h$ 左右即可，不建议加大充填流量。

表 3-15　不同料浆流量条件下的进出口速度分析（浓度 65%）

充填流量/m³·h⁻¹	进口速度/m·s⁻¹	出口平均速度/m·s⁻¹	出口最大速度/m·s⁻¹
50	1.21	1.16	1.49
65	1.57	1.50	1.93
80	1.93	1.84	2.37

表 3-16　不同充填料浆流量下管入口和出口压力

充填流量 /m³·h⁻¹	静压力/kPa			动压力/kPa		
	入口	出口	静压力差	入口	出口	动压力差
50	25.46	-219.76	245.22	1.31	1.66	-0.35
65	40.15	-346.58	386.73	2.21	2.79	-0.58
80	57.69	-498.18	555.87	3.33	4.21	-0.88

3.6　工业应用及效果

3.6.1　工程应用实例之一——高浓度全尾砂胶结充填

3.6.1.1　工程概况

大冶铁矿自西至东有共有六大矿段，其中铁门坎、龙洞、尖林山为地下开采，象鼻山、狮子山、尖山原为露天开采，现狮子山和尖山 -168m 标高以上东露天采场境界外的矿体转为地下开采，矿石储量约有 700 多万吨。2005 年，大冶铁矿被国土资源部授予首批"国家矿山公园"的称号，深凹露天的高陡边坡是矿山公园的重要组成部分，不允许发生大面积的滑坡和破坏。大冶东露天转地下后，-96m 水平以上到露天坑底（标高 -48m）间矿体采用崩落法回采，同时将崩落法产生的废石通过提升系统运至坑底进行废石回填，一定程度上既高效地回收了资源又保护了边坡。但随着开采深度的加深，若继续采用崩落法开采，上、下两盘移动范围急剧增加，势必增加陡坡破坏的危险，为了保护矿区矿山公园地表的露天边坡、防止边坡滑坡等地质灾害发生，-108m 至 -180m 水平矿体采用阶段嗣后充填法，顶部预留 12m 隔离保安矿柱，如图 3-17 所示。阶段嗣后充填法底部结构由多条出矿巷道、凿岩巷道和出矿进路组成；各巷道之间的尺寸和角度等参数与矿岩的稳固性、铲运机外形、转弯半径以及矿石流动性等因素相关。该阶段矿体多为中厚至厚矿体，矿体主要为磁铁矿，平均水平厚度 26m，矿体倾角 70°~90°，为急倾斜矿体，围岩主要为中细粒石英闪长岩、矽卡岩、大理岩以及闪长玢岩等，矿岩稳固性好。

3.6.1.2　应用效果

基于上述研究结果，大冶铁矿尖林山矿段自 2012 年 5 月对 -180m 水平阶段

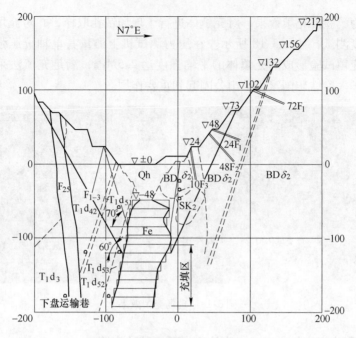

图 3-17 错动范围变化（单位：m）

内的 302 号矿房进行了充填法的工业试验。砂仓放砂流量、水泥用量及充填浓度皆可通过安装好的电磁流量计和浓度计反馈到中央控制系统进行自动监控调节。为了防止由于料浆浓度过高而发生堵管，保证现场输送效果，现场试验时料浆浓度选择禁止超过 70%，基本维持在 65%~68% 之间，流量为 50m³/h。矿山自 2012 年 5 月采用充填采矿法向崩落法过渡进行回采，−108m 分段累积充填量为 7000m³，截至 2013 年底充填法工业试验采出矿石量约 21.72 万吨，其技术指标见表 3-17，充填采矿方法矿石回收率可达 90% 以上，贫化率小于 10%。与崩落采矿法相比，采用充填法采出的矿石品位至少提高了 3%，贫化率至少降低了 16%，回采技术指标明显优于无底柱分段崩落法。−180m 水平矿石储量 211 万吨，若矿石皆用充填法采矿，仅 −180m 水平就可多回收资源 25 万吨，少产废石量 33.76 万吨，不仅延长了矿山可采资源量，盘活了矿山资源储量，且生产过程中减少了废石产出量及其提升的费用，因而从这个角度分析，可以抵消部分矿山充填法增加的费用，且充填法还可以避免地表塌陷。

表 3-17 崩落法与充填法开采技术指标比较

开 采 区 域	采出品位/%	贫化率/%	回收率/%
−108m 分段东部（充填法）	44.48	6.9	93.7
−108m 分段西部（崩落法）	38.89	24.2	80.3
−180m 阶段（充填法）	41.97	7.81	92.07

同时为了验证充填效果，对充填体进行了现场钻孔取样，并对充填试样进行了力学强度测试，如图 3-18 所示。在压力测试机上测量其单轴抗压强度，结果表明工业充填试验形成的充填体的平均强度达 2.5MPa，满足充填法采场安全要求，对保护大冶铁矿国家级矿山公园起到重要作用。

图 3-18　现场充填效果

3.6.2　工程应用实例之二——高浓度煤矸石胶结充填

3.6.2.1　工程概况

山西汾西矿业（集团）有限责任公司（简称汾西矿业集团）是我国重要的焦煤生产基地，随着矿区服务年限的延长和开采强度的增大，矿区可采储量及接续情况日趋紧张。据统计，汾西矿业集团现有 11 座生产矿井"三下"压煤较为严重，压煤储量达 7.1 亿吨，共占可利用储量的 22.9%。其中，村庄下压煤51574.2 万吨；铁路下压煤 18863.7 万吨；高速路下压煤 478.2 万吨；水体下压煤 93.5 万吨。其中，又以村庄下压煤最为严重，仅新阳煤矿 2 号煤层村庄下压煤就高达 3363.27 万吨。汾西矿业集团新阳煤矿为解放村庄下压煤，正尝试实施高浓度胶结充填开采技术，选用煤矸石、粉煤灰、胶结材料和水作为充填原料，其中煤矸石采用该矿的破碎矸石，水泥作为胶结材料，适当加入部分改性材料，以满足煤矿对充填体的性能要求。

3.6.2.2　充填站选址

经对新阳矿现场调查，其地理概况为：矸石山位于山顶，半山处为副井二号井，东风井位于山下高阳河附近。二号副井场地较小，距矸石山直线距离较近，与矸石山落差较大，距试验采面 10101、10102、10103 的最远距离将近 3500m，与采面距离过远；东风井场地较大，与矸石山直线距离比二号井远一些，但紧邻304 国道，交通方便，与矸石山落差也较大。东风井距试验采面 10101、10102、10103 的最远距离为 2100m 左右，与采面距离适中。从现场可供利用的条件看，只有二号井和东风井位置可基本满足建站要求。另外，由于两个井的位置均不与矸石山在一起，无论充填站建于哪个井位置，均需要从矸石山处运输原料矸石或破碎后的成品矸石。但由于两个井所处的位置均与矸石山落差较大，如采用传统的皮带机运输方式会因皮带倾角过大而无法运输。这种情况下，只有选择汽车运输才是最佳最经济的运输方式。

选择的充填站位置是否合理将关系到整个充填系统能否正常高效地运行，站址选择合理可大幅提升充填效率，从而提高经济效益。根据新阳矿现场条件以及对充填范围内地表地形和井下井巷分布图的整理和分析，充填站可整体布置在东风2号主井处。

3.6.2.3 充填能力确定

由于综合机械化采煤装备的应用，充填工作面煤炭生产能力主要受充填准备时间、充填时间和充填体凝固时间的制约。充填系统能力的需要主要取决于充填工作面的长度、采高、充填步距、采充比和完成充填作业的时间要求等，计算公式如下：

$$Q_f = \frac{k_f d(LM + S_1 + S_2)}{k_p T_f} \tag{3-48}$$

式中　Q_f——充填能力，m^3/h；

L——工作面煤壁长度，m；

M——采高，m；

d——充填步距，m；

k_f——采充比；

S_1——工作面运输道断面面积，m^2；

S_2——工作面材料道断面面积，m^2；

T_f——有效充填时间，h；

k_p——充填泵效率系数。

新阳矿试验工作面长度为100m，采高2.15m，充填步距2m，工作面两巷的断面相同，为矩形断面，断面宽4m，高2.15m。充填法开采工作面矿压显现明显小于垮落法开采工作面，工作面充填前顶板下沉量很小，可以忽略不计，所以每天的充填量为860m^3。考虑一定的富裕系数，充填泵效率系数取0.9，每天充填的有效时间按8h计算，由公式可知，得到要求的充填能力要大于120m^3/h。

3.6.2.4 充填材料的流速选择

根据国内外金属矿山充填的经验以及前期管道输送的相似模拟实验和数值模拟实验可知，料浆的速度越高，料浆流动需要克服的水力坡降越大，管道磨损速度越快，能量消耗越大；速度过小则充填能力不能满足生产需要或需要增加充填管道内径，因此一般要求高浓度料浆在管道内的流速控制在1.5m/s以内。考虑到煤矿对充填能力的要求要大大高于金属矿的要求，充填系统设计流速相对较大。新阳煤矿采用以煤矸石作为高浓度充填料浆的骨料，输送阻力相对较小，所以，新阳煤矿充填系统流速按以下原则进行设计，即在充填泵最大充填能力时，保证流速 1.8m/s 左右。

3.6.2.5　充填管径选择

在前期充填料浆管道输送相似模拟和数值模拟的研究基础上，按照新阳矿充填系统流速的设计原则，充填系统能力 $Q_j = 150 \text{m}^3/\text{h}$，根据选择的流动速度最大为 1.8m/s，则可以计算出充填管道允许的最小内径：

$$D = \sqrt{\frac{10000 Q_j}{9 \pi v_j}} = \sqrt{\frac{10000 \times 150}{9 \times 3.14 \times 1.8}} = 171.8 \text{mm}$$

即新阳矿干线充填管道的内径应大于172mm，建议选用内径为 183mm 的耐压无缝钢管，此时的流动速度为 1.64m/s。充填系统充填管路分为以下三部分：从充填泵出口到进入工作面之前的充填管称为干线充填管；沿工作面布置的充填管称为工作面充填管；由工作面充填管向采空区布置的充填管称为布料管。

3.6.2.6　充填管路设计

根据新阳矿提供的相关资料，上述充填管路总长 3500m。其中，地表管路长为 40m，二号井立管长 260m，井底至"三下"集中巷管路长度为 1600m，集中巷管路长度为 800m，顺槽管路长度为 600m，工作面管路及排水管路为 200m。

充填管布置路线为：地面充填站→地面管路→2 号井立管→"三下"集中皮带巷→轨道皮带联巷→"三下"集中轨道巷→10203 材料巷→工作面。

地面管路：地面管路长80m，由长度为 5m、内径为 183mm、壁厚为 18mm 的无缝钢管用法兰连接，为了方便事故处理，每隔 10 根左右的直管，布置一个带盲板的三通，如图 3-19 所示。同时为了避免因为充填泵发生故障等原因造成严重管道堵塞事故，在地面充填站附近设立沉淀池。

图 3-19　新阳煤矿充填管路

3.6.2.7 流变参数测试与分析

物料在管道中不同位置的流动状态，依流速可大致分为"结构流"、"层流"和"紊流"，输送特性不同于两相流的运动规律。当料浆浓度达到一定程度时，料浆变得很黏，沿管道输送特性发生很大的变化，料浆的运动状态呈"柱塞"整体移动。对于采用矸石料浆管道输送充填的矿山，管道输送能否取得成功，关键在于充填料浆的流变特性，归根结底是受料浆浓度和颗粒级配的影响。选择合理的物料级配不仅要确保级配均匀，避免矸石颗粒自重过大而下沉、堵塞，以确保料浆在一段时间内泌水量少、具备良好流动性和稳定性。为了研究不同粒径级配参数、时间对充填料浆的流变特性指标的影响，确定料浆流变特性指标与颗粒级配关系以及料浆最大临界颗粒尺寸，通过大量的流变试验阐述了充填料浆流变指标与颗粒级配参数间的内在关联，研究结果对于骨料粒径的选择、破碎及筛分以及长距离泵压输送技术具有指导意义。

新阳煤矿高浓度矸石胶结充填料浆原材料主要为煤矸石、粉煤灰，水泥、粉煤灰、矸石的质量比为 1:3:5，配制的料浆浓度为 80%，其化学成分见表 3-18。从表 3-18 中可以看出，煤矸石和粉煤灰的主要化学成分为 SiO_2、Al_2O_3、CaO 和 MgO，煤矸石和粉煤灰对应的质量分数分别占总质量的 45.18%、50.22%。按照表示矿物化学成分指标的计算公式，对表中化学成分进行化学成分分析，可以得出煤矸石的碱度系数为 1.0，属中性材料，活性系数为 6.7，按材料划分品质标准，其属于一类；粉煤灰的碱度系数为 0.1，属酸性材料，活性系数为 0.3。采用激光粒度分析仪测得各混合料的粒级组成，不同混合程度下充填骨料的级配特征指标见表 3-19。

表 3-18　煤矸石和粉煤灰的化学成分

煤矸石的化学成分									
组分	C	Fe	SiO_2	P	CaO	Al_2O_3	MgO	K	Na	S
含量/%	13.45	4.67	3.29	0.04	21.92	19.2	0.76	0.51	0.07	4.8
组分	Pb	Ba	Cu	Zn	Co	Ni	Li	Ti	水分	烧失
含量/%	0.02	0.02	0.02	0.04	0.01	0.01	0.76	0.47	1.75	28.98

粉煤灰的化学成分									
组分	C	Fe	SiO_2	P	CaO	Al_2O_3	MgO	K	Na	S
含量/%	14.44	3.37	12.07	0.06	3.54	34.01	0.59	0.91	0.19	0.51
组分	Pb	Ba	Cu	Zn	Co	Ni	Li	Ti	水分	烧失
含量/%	0.04	0.01	0.02	0.02	0.01	0.01	0.06	0.57	0.74	16.79

表 3-19　充填材料的粒径级配特征指标

编　号	$d_{10}^{①}$	d_{30}	d_{60}	d_{90}	中值粒径 $d_{50}/\mu m$	平均粒径 $d_j/\mu m$	不均匀系数 C_u	比表面积/$cm^2 \cdot g^{-1}$
1 号混合料	20	85	270	700	200	295.5	13.5	1910
2 号混合料	5	25	75	350	55	121.8	15	6210
3 号混合料	5	28	80	240	55	100.7	16	5820
4 号混合料	10	40	110	400	85	159.8	11	3840
5 号混合料	10	45	130	450	95	172.0	13	3180

①　粒径累积分布中累积含量达到 10 % 时对应的粒径。

　　实验仪器为 R/S 型四叶桨式旋转流变仪，采用控制剪切速率的方式进行剪切测试，测试时将转子置于 500mL 的烧杯中进行流变测试，以可变化的剪切速率旋转，多次配浆、多次测量取均值以消除误差，实时记录相应的剪切应力值和表观黏度值，剪切速率范围 $0 \sim 120s^{-1}$，时间 120s。为了研究料浆静置的时间对料浆流变参数的影响，每隔 20min 对相应配比的料浆进行测试并记录其对应的流变参数，即静置 0min、20min、40min、60min 后的流变参数。

　　A　流变参数拟合

　　根据流变模型，并对实验结果进行分析，得到不同条件下的料浆流变特性指标，见表 3-20。从表 3-20 可以得出，随着料浆静置的时间延长，体现料浆流变特性的参数值（初始剪切力和表观黏度）相应增加；在相同的静置时间内，不同物料组成的料浆流变特性也不同，2 号、3 号料浆产初始剪切力和表观黏度值皆大于其他三组料浆，如图 3-20 所示，这主要由于 2 号、3 号料浆颗粒级配相似，细颗粒含量较多，随着时间的变化，料浆内部的水化反应持续进行，生成具有抵抗机械破坏力的絮网状胶凝产物的数量越来越多，强度越来越大，从而使料浆的流变模型也发生变化。对比表 3-20 中表征料浆流态指标可以得出，1 号、4 号、5 号料浆流态指标变化规律基本相同，均小于 1，属于伪塑性体；2 号、3 号料浆在 $0 \sim 40min$ 内，其流态指标为 1，表明该阶段内料浆流态较稳定，属于宾汉姆体；当静置 60min 后，表征流态性的指标 n 小于 1，表明其流态已发生变化，此时料浆属于伪塑性体。

表 3-20　不同条件下的充填料浆流变参数

静置时间/min	流变指标	1 号混合料	2 号混合料	3 号混合料	4 号混合料	5 号混合料
60	$\mu /Pa \cdot s$	3.346	9.144	5.146	3.547	3.285
	τ_0 /Pa	138.9	220.3	164.9	171.8	180.3
	n	0.534	0.557	0.481	0.429	0.564
	$R^{2①}$	0.892	0.951	0.945	0.869	0.952

续表 3-20

静置时间/min	流变指标	1 号混合料	2 号混合料	3 号混合料	4 号混合料	5 号混合料
40	μ/Pa·s	2.369	8.277	4.848	4.120	2.330
	τ_0/Pa	118.3	165.6	194.7	142.5	130.3
	n	0.504	1	1	0.619	0.601
	R^2	0.883	0.940	0.927	0.967	0.944
20	μ/Pa·s	2.096	5.958	4.890	4.901	2.888
	τ_0/Pa	83.37	164.7	165.8	64.48	128.2
	n	0.454	1	1	0.561	0.579
	R^2	0.866	0.967	0.926	0.955	0.983
0	μ/Pa·s	1.978	5.791	4.682	2.647	3.018
	τ_0/Pa	100.5	136.1	106.3	105.2	111.5
	n	0.408	1	1	0.413	0.510
	R^2	0847	0.976	0.963	0.916	0.955

①R^2 表示相关性系数。

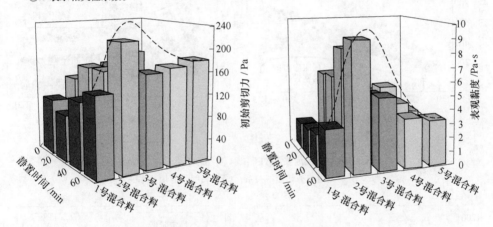

图 3-20 料浆流变参数变化（静置时间 60min）

B 流变特性

图 3-21 为不同级配条件下料浆静置 60min 后的流变特性曲线，从图中可以看出，不同级配料浆在不同的剪切速率下，剪切力与剪切速率关系不尽相同，2 号、3 号料浆流变特性曲线趋势基本相同，而 1 号则与 4 号、5 号料浆流变曲线规律类似；同一级配的料浆，在不同的剪切速率下，料浆的流变模型通常是变化的，料浆流变特性基本可以分为三个阶段：剪切速率处于 0 ~10s^{-1} 范围，即图 3-21 中的 AB 段，随着剪切速度的逐渐增加，表观黏度处于不稳定性阶段，其值迅速减小，料浆表现出明显的伪逆性，属于伪塑性体；剪切速率处于 10 ~65s^{-1} 范围，即图 3-21 中的 BC 段，料浆流变性能基本稳定，剪切应力与剪切速度关系曲线呈近似线性规律，表观黏度也线性减少，料浆流变属性呈宾汉姆特性，属于

宾汉姆模型；剪切速率处于 $65 \sim 120s^{-1}$ 范围，即图 3-21 中的 CD 段，在此阶段内，表观黏度基本保持在一个定值，料浆流态稳定，剪切应力与剪切速度关系曲线呈上凸状，表现出具有初始屈服应力的伪塑性体的特征。与 1 号、4 号和 5 号料浆相比，2 号、3 号料浆流变特性主要表现两种模型，即伪塑性体和宾汉姆体。

图 3-22 为不同级配条件下料浆静置 40min 后的流变特性曲线规律，对比图 3-21 和图 3-22 可以得出，料浆静置 40min 后，两流变特征规律基本相同，仅剪切应力和表观黏度的净增值要小于前者，这主要因为是随着水化作用时间的延长，其生成的絮网状结构产物量少且强度相对较弱；随着剪切速率的变化，2 号、3 号料浆流变模型较稳定；对比表 3-18 中各物料间的粒径级配特征参数，说明 2 号、3 号料浆级配等级要优于 1 号、4 号、5 号料浆颗粒组成。

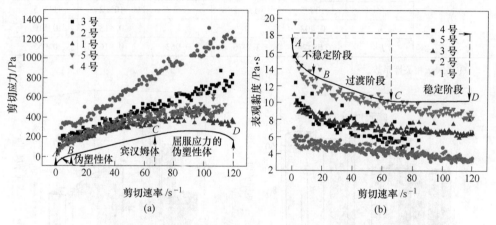

图 3-21　料浆流变特性曲线（静置时间 $t = 60min$）

（a）剪切应力与剪切速率关系；（b）黏度与剪切速率关系

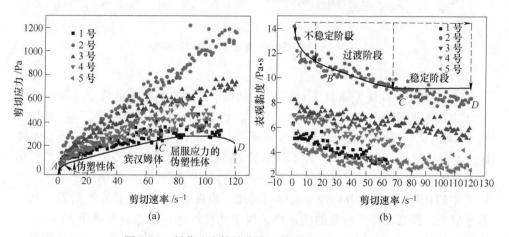

图 3-22　料浆流变特性曲线（静置时间 $t = 40min$）

（a）剪切应力与剪切速率关系；（b）黏度与剪切速率关系

通过上述实验结果分析证明，随着剪切速率和时间增加，同一级配料浆的表观黏度先逐渐减小而后稳定，即料浆流变特性具有"剪切稀化"特征；料浆的流变特性过程是个多种模型复合特性的综合体现，随着剪切速率的增加，通常表现出伪塑性体—宾汉姆体—伪塑性体；物料级配一定程度上影响了料浆流变特性稳定性。为了进一步了解颗粒粒径对料浆流变参数的影响，有必要对料浆的流变参数与级配指标相关性进行研究。

C 流变参数与级配相关性

假如不同料浆的流变特征参数 x_1 和颗粒级配参数 x_2 存在一定的相关，则用如下相关性公式表示：

$$x_1 = a + bx_2 \tag{3-49}$$

由最小二乘法原理，可得出参数 x_1 与 x_2 之间的相关系数 r 和剩余标准差 s。一般地讲，$|r| < 0.4$ 时，变量间不存在或只存在弱相关性；$0.4 < |r| < 0.6$ 时，变量间存在中等程度相关；$0.6 < |r| < 0.8$ 时，则为强相关性（显著相关）；$0.8 < |r| < 1$ 时，表明相关性极强。

按照相关性方程，将表 3-19 和表 3-20 的参数进行最小二乘计算，得到了不同参数间的线性回归结果，见表 3-21 ~ 表 3-24。表 3-21 ~ 表 3-24 分别表示料浆静置 0min、20min、40min、60min 后表观黏度、初始屈服剪切力与颗粒级配参数间相关性，从表 3-21 中可以得出，表观黏度与 d_{10}、d_{30} 粒径（30μm）相关系数达 0.8 以上，表明二者相关性极强，但随着颗粒增粗，二者间相关性降低；而在这一阶段，初始屈服剪切力与 d_{10}、d_{30} 粒径的相关系数基本在 0.6 左右，属于中等程度相关；说明在初始阶段，直径 0 ~ 30μm 的颗粒受料浆静观黏度的影响比受初始屈服剪切力的影响作用更大。当料浆静置的时间延长到 20min 时，表观黏度与 d_{10}、d_{30} 粒径相关性仍极强，粒径级配参数的相关性系数在增大，表明随着时间的推移，料浆表观黏度受颗粒级配的影响越来越明显，初始屈服剪切力与颗粒级配的相关性程度也在逐渐增强，见表 3-22。

表 3-21 未静置的料浆流变参数与粒径级配相关性

相关性模型	a	b	$|r|$	s
$\mu = a + bd_{10}$	21.990	-3.309	0.847	0.069
$\mu = a + bd_{30}$	89.596	-12.419	0.811	0.096
$\mu = a + bd_{50}$	205.466	-29.661	0.779	0.121
$\mu = a + bd_{60}$	273.924	-38.895	0.764	0.132
$\mu = a + bd_{90}$	722.975	-81.413	0.747	0.146
$\tau = a + bd_{10}$	39.251	-0.261	0.601	0.284
$\tau = a + bd_{30}$	159.241	-1.024	0.599	0.285
$\tau = a + bd_{50}$	362.861	-2.366	0.557	0.329
$\tau = a + bd_{60}$	488.159	-3.173	0.559	0.326
$\tau = a + bd_{90}$	958.879	-4.743	0.391	0.515

表 3-22　静置 20min 后料浆流变参数与粒径级配相关性

相关性模型	a	b	$\mid r\mid$	s
$\mu = a + bd_{10}$	23. 539	− 3. 265	0. 851	0. 067
$\mu = a + bd_{30}$	99. 387	− 13. 212	0. 877	0. 050
$\mu = a + bd_{50}$	230. 046	− 31. 892	0. 852	0. 066
$\mu = a + bd_{60}$	311. 594	− 43. 070	0. 861	0. 600
$\mu = a + bd_{90}$	789. 129	− 87. 090	0. 813	0. 093
$\tau = a + bd_{10}$	21. 578	− 0. 095	0. 723	0. 169
$\tau = a + bd_{30}$	85. 008	− 0. 333	0. 641	0. 243
$\tau = a + bd_{50}$	196. 005	− 0. 807	0. 626	0. 258
$\tau = a + bd_{60}$	257. 241	− 1. 024	0. 594	0. 291
$\tau = a + bd_{90}$	715. 420	− 2. 369	0. 642	0. 242

表 3-23　静置 40min 后料浆流变参数与粒径级配相关性

相关性模型	a	b	$\mid r\mid$	s
$\mu = a + bd_{10}$	17. 759	− 1. 768	0. 703	0. 185
$\mu = a + bd_{30}$	75. 133	− 6. 957	0. 705	0. 184
$\mu = a + bd_{50}$	168. 919	− 16. 159	0. 659	0. 227
$\mu = a + bd_{60}$	228. 143	− 21. 678	0. 661	0. 224
$\mu = a + bd_{90}$	608. 729	− 41. 179	0. 587	0. 297
$\tau = a + bd_{10}$	35. 187	− 0. 168	0. 831	0. 081
$\tau = a + bd_{30}$	138. 338	− 0. 624	0. 787	0. 113
$\tau = a + bd_{50}$	328. 887	− 1. 536	0. 781	0. 118
$\tau = a + bd_{60}$	433. 748	− 2. 001	0. 762	0. 134
$\tau = a + bd_{90}$	1180. 001	− 5. 004	0. 889	0. 043

表 3-24　静置 60min 后料浆流变参数与粒径级配相关性

相关性模型	a	b	$\mid r\mid$	s
$\mu = a + bd_{10}$	17. 458	− 1. 524	0. 623	0. 263
$\mu = a + bd_{30}$	72. 963	− 5. 796	0. 601	0. 283
$\mu = a + bd_{50}$	162. 620	− 13. 205	0. 552	0. 3358
$\mu = a + bd_{60}$	218. 623	− 17. 497	0. 547	0. 339
$\mu = a + bd_{90}$	584. 594	− 31. 999	0. 468	0. 426
$\tau = a + bd_{10}$	36. 922	− 0. 153	0. 741	0. 151
$\tau = a + bd_{30}$	152. 983	− 0. 618	0. 760	0. 135
$\tau = a + bd_{50}$	357. 203	− 1. 479	0. 732	0. 159
$\tau = a + bd_{60}$	482. 948	− 1. 996	0. 739	0. 153
$\tau = a + bd_{90}$	991. 9	− 3. 217	0. 557	0. 329

表 3-23 为料浆静置 40min 时料浆流变参数与颗粒级配间的相关性，从表 3-23 中可以得出，初始屈服剪切力与颗粒粒径级配相关系数基本在 0.8 左右，表现极强相关性，而表观黏度和颗粒粒径级配相关系数基本在 0.7 以下，呈现强相关性；说明到该阶段颗粒级配与初始屈服剪切力的相关度更高于表观黏度与级配的相关度，颗粒级配对料浆初始剪切力的影响程度更大。

料浆静置 60min 后，初始剪切力与颗粒级配参数的相关系数在 0.6 左右，两者表现中等程度相关，表观黏度与颗粒级配参数的相关系数则在 0.7 左右，属于显著相关；与表 3-23 相比，料浆的初始剪切力和表观黏度与颗粒级配参数的相关性值仍在减小，仍然表明颗粒级配对料浆初始剪切力的影响程度大，见表 3-24。通过对比分析静置不同时间后的料浆流变参数与粒径级配间的相关性系数，见表 3-21 ~ 表 3-24，可以得出，随着料浆静置时间的延长，表观黏度与颗粒级配参数基本遵循如下规律：相关性极强（0min、20min）—强相关性（40min）—中等相关性（60min）；相反，料浆初始剪切力随着时间的增加，其对颗粒的相关性逐渐加大，基本遵循如下规律：中等相关性（0min、20min）—强相关性（40min）—相关性极强（60min）。在相同条件下，粒径 d_{10}、d_{30} 与料浆的表观黏度和初始剪切力相关性最强，说明小于 d_{30} 粒径的颗粒对料浆的流变性影响最大。随着静置时间的推移，粒径 d_{10}、d_{30} 与表观黏度的相关性强度逐渐降低，说明随着时间的增加，细粒径颗粒对料浆的表观黏度影响作用逐渐减少，这主要是由于胶结材料与矸石等发生了水化反应，产生大量的絮凝网状结构产生，起初在小颗粒的表面进行，并在颗粒外围表面形成一层凝胶膜，颗粒粒径越小，其更易于被水化产物包裹而失去流动性，致使颗粒级配对料浆的表观黏度不敏感，而对初始屈服剪切力敏感，二者关系如图 3-23 所示。

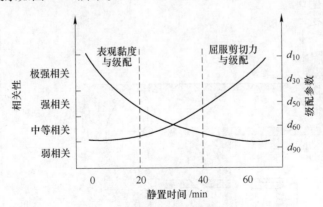

图 3-23 流变参数与级配相关性曲线

D 管道堵管、磨损机理

充填料浆长期稳定性一直是矿山充填输送的关键环节，特别是对于一些长距离管道输送充填矿山，料浆在管道内的输送时间长，因而料浆的长期稳定性直接决定其在管道中是否会发生泌水、沉降甚至堵管等风险。根据该矿的充填管道布置路线，工业试验的工作面充填管路总长 2700m；最远距离充填管路总长达 3500m，属于长距离管道输送，料浆在管道中的流动极具复杂性；若按照料浆流动速度 1.5m/s 计算，地面制造好的料浆要输送到达充填工作面，至少需要 40min。从上述研究结果可知，颗粒级配和时间是影响料浆稳定性的关键因素。充填料浆的流变特性与流态随着时间的变化而存在差异；料浆时间越长，其黏度系数和初始屈服剪切力越大，因而管道输送阻力也越来越大，一旦泵送压力不够，料浆就极易发生堵管；同时由于颗粒级配不均匀，料浆在管道中发生泌水，造成大颗粒沉降，料浆产生分层，以至于大颗粒积聚增多，最终产生堵管。管道磨损实质上是管道与固体颗粒碰撞产生冲击力和摩擦阻力共同作用的结果。在泵送过程中，充填料浆中的粗骨料矸石以一定的角度和速度撞向管壁，一方面对管壁产生冲击，冲击力导致局部壁面材料发生变形、破碎和剥落；另一方面矸石会与管道壁产生摩擦，引起表面刮痕冲刷。

　　E　不沉颗粒临界粒径确定

　　假设单个固体颗粒在料浆内未受到任何外力影响且不参与水化反应，在垂直方向上，为了保证颗粒始终处于悬浮状态，颗粒在浆液中的有效重力必须小于或等于浆体对颗粒的阻力，此时，破坏浆体中絮网结构所需的剪切力占优势，摩擦力较小，可以不计，如图 3-24 所示，因此，可以建立颗粒在浆体不沉力学模型，如下式所示。

$$G_0 \leq F \tag{3-50}$$

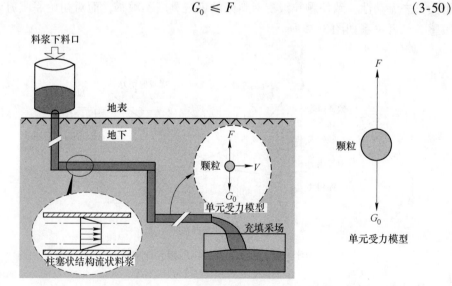

图 3-24　浆体中颗粒静态受力模型

$$G_0 = \frac{\pi d_k^3}{6}(\rho_k - \rho_0)g \qquad (3-51)$$

$$F = \tau_0 + \mu\gamma^n \qquad (3-52)$$

式中　G_0——固粒在浆液中的有效重力，N；

　　　F——颗粒克服料浆下沉时的阻力，MPa；

　　　d_k——颗粒直径，mm；

　　　ρ_k，ρ_0——颗粒、料浆密度，kN/m^3。

联立式（3-50）~式（3-52），可得到浆体中不沉颗粒临界粒径公式：

$$d_k \leqslant \frac{3\tau_0}{2(\rho_k - \rho_0)g} \qquad (3-53)$$

由式（3-53）中可以得知，浆体中不沉颗粒临界粒径与料浆自身的流变特性相关，归根结底，是与颗粒级配相关联。

通过上述研究可知，由2号、3号矸石骨料配制的料浆流态稳定性较好，说明其级配良好，将表3-20中2号料浆未静置时的流变参数代入式（3-53）中，可以得到2号料浆中不沉颗粒临界粒径为14mm。

3.6.2.8　充填工作面布置

新阳煤矿胶结充填工作面与普通综采工作面布置基本相似，如图3-25所示。回风巷布置在工作面沿倾斜方向的上方，主要承担通风、运料、行人的作用。运输巷布置在工作面沿倾斜方向的下方，并且在运输巷实现沿空留巷，沿空留设巷道作为下工作面的回风巷使用。充填管路通过地面钻孔或者井筒下井后，沿运输巷布置，直至工作面。工作面由充填专用液压支架支护，运输巷及回风巷用单体液压支柱进行支护。

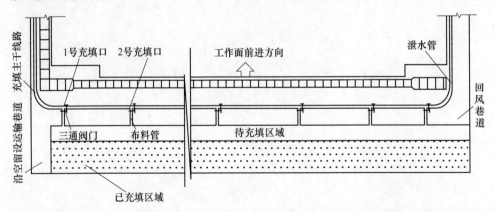

图 3-25　高浓度胶结充填工作面布置

工作面充填主干管路在工作面倾斜方向上沿着工作面布置在支架后方，根据工作面充填口的位置，在充填主干管路上安设相应的三通阀门，用充填布料管连接三通阀的旁路和充填口，并在工作面回风巷设置泄水管，用于工作面开始充填工序以及充填结束清洗工序中废水的排放，减少因废水排放到工作面对生产造成的影响。根据工作面充填工艺要求，每隔15～20m设置一个三通阀，通过三通阀的开关相互转换，能够实现从1号充填口到其他充填口的依次充填。

工作面充填管布置在支架的前、后立柱之间，铺设在支架底座上充填布料管头与充填支架后的专用充填口连接，且充填管用管箍固定在充填支架上，防止其在充填过程中摆动。工作面充填管在每个布料管处接一个进料三通和截止阀，进料三通控制充填管内的浆体的流向；而利用截止阀的周期开、关控制采面干路的浆体流向，按照由低向高的顺序原则依次进行充填。

10203工作面共布置4个充填箱，从采面倾角的低端向高端方向布置，且布料管间距初步确定为30m。把工作面分为3个由充填液压支架的后挡板和充填袋围成的密闭充填作业空间，使采煤、充填两套系统独立运行，不相互干扰，提高生产效率，降低安全生产隐患。

在山西汾西矿业（集团）有限责任公司新阳煤矿实施高浓度煤矸石胶结充填技术后，建成了采空区矸石、粉煤灰胶结充填综采示范工作面，示范工作面年生产能力达到36万吨以上，既可以起到很好的示范辐射作用，同时为进一步开展对采空区矸石、粉煤灰充填综采技术的研究提供了平台。同时在中国矿业大学（北京）形成相对完善的采空区矸石、粉煤灰充填材料和充填综采工艺的研发基地，不仅培养出了高水平研究生，而且还锻炼出了一批科研骨干，并培养了技术过硬的煤矿胶结充填开采队伍。

4 高浓度胶结料浆固结硬化机制

尾砂是矿业部门在开采、分选矿石之后排放的暂时不能利用的固体废料，是工业固体废弃物的主要组成部分。采选后的尾砂一般以矿浆形式排出，一部分堆存于尾矿库内，一部分用于地下采场空区充填。采用全尾砂充填地下空区是解决极厚矿体矿柱回采的贫化率、损失率大、"三下"资源开采安全性低以及深部岩体地压控制的有效途径。自 20 世纪 30 年代开始，国内外学者进行了大量充填材料的力学特质、料浆管道输送技术以及低成本胶结剂替代品的研究。

充填体的强度是节约充填成本和保障采场安全作业的重要因素之一。充填体强度力学特性取决于充填材料的颗粒粒径级配、物质组成成分、胶结剂类型、配比以及料浆浓度，不同种类矿石和经不同选矿流程后的尾砂，其尾砂性质差异较大，因此，为了全面地掌握全尾砂材料的力学强度特性与规律，对不同浓度、配比以及龄期条件下的全尾砂胶凝固结机理、微观特性及强度变化规律进行研究十分必要。本章以某矿的全尾砂为胶结充填材料的主要来源，在分析了该矿全尾砂与分级尾砂基本物理、化学特性的基础上，借助 XRD 能谱分析和电镜扫描（SEM）处理方法，得到了不同灰砂配比、不同浓度以及不同龄期时的全尾砂材料的胶凝固结微观规律，对比了以水泥、固结剂 1 号和固结剂 2 号分别作为胶结剂时充填试件的单轴抗压强度，并对不同条件下的充填体强度曲线进行拟合，总结并探讨了充填单轴抗压强度增长规律的数学模型。

4.1 实验材料

实验原料主要为某矿全尾砂、分级尾砂和标号分别为 32.5 号水泥、固结剂 1 号、固结剂 2 号的胶结剂，其化学成分见表 4-1，从表 4-1 中可以看出，尾矿的主要化学成分为 SiO_2、Al_2O_3、CaO、FeO 和 MgO，其质量分数占总质量的 61.27%。按照表示矿物化学成分的指标计算公式，对表 4-1 中化学成分进行化学成分分析，可以得出其碱度系数为 0.56，属酸性尾矿；质量系数 0.90；活性系数为 0.47，按尾矿划分品质标准，其属二类。图 4-1 表示该矿尾砂的 XRD 图谱，从图 4-1 中可以看出，矿物的组成主要为石英、绿泥石、方解石和透辉石，还有其他少量的石膏、黄铁矿和绢云母。全尾砂的中值粒径为 25μm，分级尾砂的中值粒径为 106μm，如图 4-2 所示。

表 4-1　全尾砂材料的化学成分

组分	SiO$_2$	TFe	SFe	CaO	FeO	Al$_2$O$_3$	MgO
含量/%	26.30	20.79	20.02	12.45	10.90	6.07	5.55
组分	S	Ag[①]	TiO$_2$	Cu	MnO	P	Au[①]
含量/%	1.315	0.38	0.232	0.228	0.164	0.15	0.101
组分	SrO	Zn	V$_2$O$_5$	Co	Ni	Pb	As
含量/%	0.046	0.026	0.023	0.013	0.10	0.006	0.001

① Ag、Au 含量以 g/t 表示。

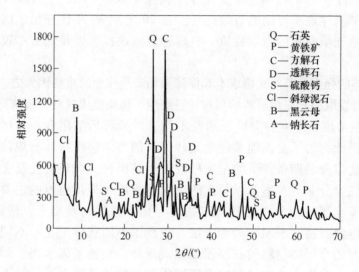

图 4-1　全尾砂 XRD 图谱

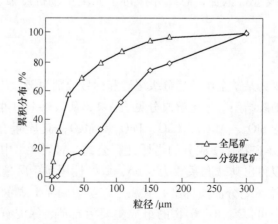

图 4-2　全尾砂与分级尾砂粒径累积分布曲线

4.2 实验过程与方法

4.2.1 实验过程

为了保证实验材料数据与现场原材料的完整性，从矿山选矿厂大井底流选取 20%~30% 质量浓度的全尾砂浆，通过大油桶直接托运至实验室。将上述全尾砂材料按照灰砂配比为 1:4、1:5、1:6、1:8、1:10，浓度为 65%、68%、70%、73% 和 75%，龄期为 3d、7d、28d、56d、90d 组合制成规格的充填体试块，并对各个标准试块进行单轴抗压强度试验，得到了对应条件下的充填体试块强度。鉴于该矿全尾砂质量浓度 65% 时塌落度为 23.5cm，质量浓度为 70% 时塌落度为 14.3cm，因而在对其物相分析和 SEM 微观分析时，选择了几组具有代表性的组合进行实验，见表 4-2。制块的过程中先将配制的料浆搅拌均匀并尽量将其捣实后再注模，24h 后脱模，而后将试块放入养护箱进行养护，最后测定不同龄期试件的力学性能。测试试件的规格为 100mm × 100mm × 100mm 三联模式，实验养护条件为：温度 20 ± 1℃、相对湿度 90% 以上。

表 4-2 XRD 分析及电镜扫描实验方案

实验试件	灰砂比	浓度/%	龄期/d
试样 1	1:4	65	7
试样 2	1:6	65	7
试样 3	1:4	70	3
试样 4	1:4	70	7
试样 5	1:4	70	28
试样 6	1:4	65	56、90
试样 7	1:4	70	56、90
试样 8	1:6	65	56、90
试样 9	1:6	70	56、90
试样 10	1:8	65	56、90
试样 11	1:8	70	56、90

强度测试实验：将上述养护好的试样，按照实验操作要求，放在如图 4-3（b）所示的仪器上对其进行单轴抗压强度加载实验，加载过程中观察试件变化并记录和保存实验结果。

电镜扫描实验：将做完强度测试的试样，选取合适部分将其制成 10mm × 10mm × 10mm 电镜样品，并对样品进行多次（2 次以上）喷碳处理，无需抛光或离子减薄处理，如图 4-4 所示。后将样品放入扫描实验装置中，操作电镜操作键盘，对每个样品在不同放大倍数下进行微观分析；在进行微观扫描分析的同时，同样对样品不同部位的成分进行能谱分析，自动分析完的结果可直接保存、导出。

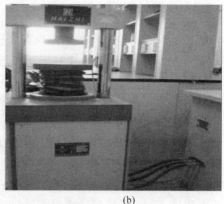

（a）　　　　　　　　　　　　　　　　　　（b）

图 4-3　扫描电子显微镜与强度实验装置

（a）扫描电镜实验；（b）强度加载实验

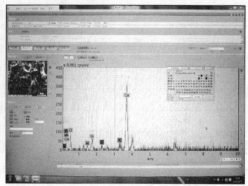

图 4-4　扫描电镜试件样品与能谱分析

4.2.2　实验方法

4.2.2.1　XRD 分析

利用 X 射线衍射（X-ray diffraction，XRD）仪对样品进行物相分析。设备型号为日本理学 Rigaku 公司生产的 D/Max-RC 衍射仪；设备参数为 Cu 靶，50kV，60mA，扫描范围 $10° \sim 70°$，速度 80r/min。

4.2.2.2　SEM 分析

实验采用德国卡尔蔡司纳米技术公司生产的 EVO18 式钨灯丝扫描电子显微镜装置，配备具有能自动定点定性分析、定点定量分析的 X 射线能谱仪，主要技术参数为：加速度电压 200V 至 30kV，放大倍数 $5 \sim 10^6$ 倍，探针电流 $5 \times 10^{-7} \sim$

5μA。单轴抗压强度实验采用微压控制混凝土压力机，最大量程 300kN，加载强度可根据需要自动调整，如图 4-3 所示。

4.3 实验结果与分析

4.3.1 水化产物物相分析

图 4-5 表示试件经 3d、7d 和 28d 水化作用后的 XRD 衍射谱，从图 4-5 中可以得出，各个龄期阶段的水化产物分布类似"针峰"的形态，说明材料在水化过程中存在大量的非晶物质和结晶度较低的水化产物。试件经 3d 水化作用后就已产生较多的钙钒石（$Ca_6Al_2(SO_4)_3(OH)_{12}\cdot26H_2O$）、水化硅酸钙胶凝（C-S-H）和氢氧钙石，同时还产生了较少的硫铝酸钙、碳酸钙等复盐类水化产物。生产的钙钒石属于高结晶矿物，主要为铝酸钙水化后与石膏反应而成的产物，可迅速固结大量的自由水，对充填体的早期强度起积极作用。随着水化反应的进行，氢氧化钙的胶凝物和水化铝酸钙形成的胶凝物继续增多并开始结晶，继而加快与水化硅酸钙相结合，促使充填体的机械强度增高，增长期的强度关键取决于硅酸钙。由于尾矿材料中含硫化物，在水化作用后，形成了少量的硫、铝酸钙，这类矿物对充填体的长期强度有削减作用。水化产物胶凝物（C-S-H）的产生与胶结剂的成分水解反应相关，其主要水化反应式如下：

$$3CaO\cdot SiO_2+2CaO\cdot SiO_2+H_2O\longrightarrow2CaO\cdot SiO_2\cdot nH_2O（胶凝物）+Ca(OH)_2$$

$$(4-1)$$

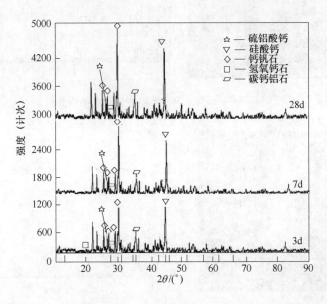

图 4-5 水化产物 XRD 衍射谱

　　试件经3d水化作用后，2θ为28.5°和45.2°等处峰值明显增强，即此时钙钒石、C-S-H胶凝物和其他复盐矿物的数量迅速增加；7d、28d后，钙矾石、硅酸钙以及C-S-H胶凝物的数量进一步增多，从而进一步提高了材料的强度与耐久性。水化反应衍射峰的2θ段主要位于22°~46°之间。

　　图4-6~图4-17表示不同灰砂配比和料浆浓度的充填体分别在养护龄期56d、90d条件下充填体表面微观图及其物质元素分布图。从图4-6~图4-17中的物质元素分析图中可以看出，不同灰砂配比和浓度的充填体在龄期56d、90d时水化产物的主要元素为O、Si、Ca、Al、Mg、Fe等；相同灰砂配比、浓度的充填体90d水化作用产生的元素要比56d产生的元素多，这表明充填体在56d、90d时，内部的水化反应还在继续，且水化产物仍在增多，如图4-6和图4-7（或图4-8和图4-9）所示。对比不同灰砂配比、相同浓度和养护龄期的充填体水化产物能谱图可知，灰砂比越高，水化作用产生的O、Si、Ca、Al等元素量越高，如图4-6、图4-10和图4-14（或图4-7、图4-11和图4-15）所示；对比相同灰砂配比、不同浓度和养护龄期的充填体水化产物能谱图可知，浓度越高，水化作用产生的O、Si、Ca、Al等元素量越多，如图4-6和图4-8（或图4-14和图4-16）所示。

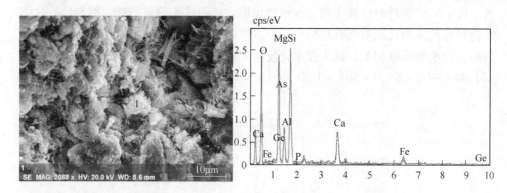

图4-6　1:4、65%、56d充填体表面及能谱分析

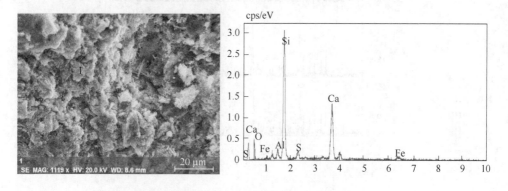

图4-7　1:4、65%、90d充填体表面及能谱分析

 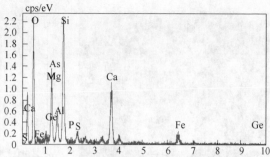

图 4-8　1:4、70%、56d 充填体表面及能谱分析

 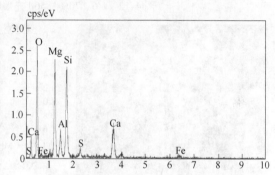

图 4-9　1:4、70%、90d 充填体表面及能谱分析

 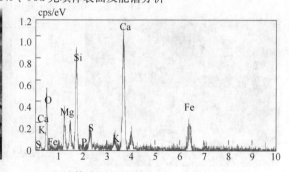

图 4-10　1:6、65%、56d 充填体表面及能谱分析

 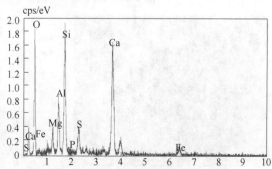

图 4-11　1:6、65%、90d 充填体表面及能谱分析

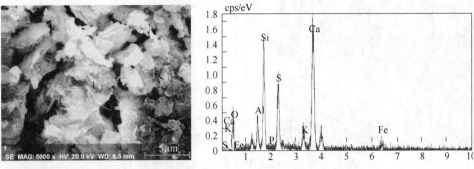

图 4-12 1:6、70%、56d 充填体表面及能谱分析

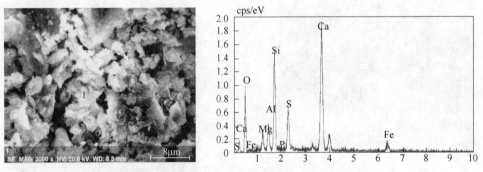

图 4-13 1:6、70%、90d 充填体表面及能谱分析

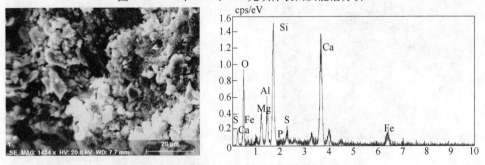

图 4-14 1:8、65%、56d 充填体表面及能谱分析

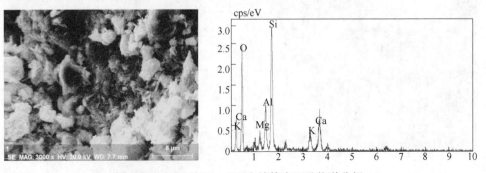

图 4-15 1:8、65%、90d 充填体表面及能谱分析

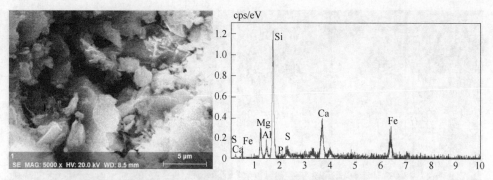

图 4-16 1:8、70%、56d 充填体表面及能谱分析

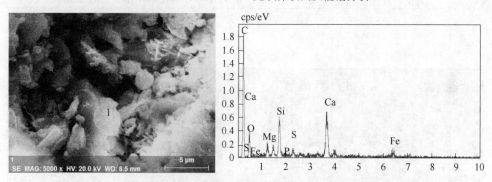

图 4-17 1:8、70%、90d 充填体表面及能谱分析

4.3.2 水化产物电镜扫描分析

4.3.2.1 水化作用变化规律

图 4-18 （a）和（b）分别为灰砂比不同、浓度和龄期相同的水化产物扫描电镜图片，从图中可以看出，7d 的水化产物显微结构主要由团状胶凝物和小的针状、棒状物组成，网络絮状物主要为水化 C-S-H 胶凝物，针状物经能谱分析主要为新产生的钙矾石和其他复盐矿物。图 4-5 为胶凝物质的能量色散谱图，结果表明该水化产物的成分与图 4-5 中的 XRD 分析相吻合。C-S-H 胶凝物在 SEM 显微结构下呈针柱状、棒状局部分布；氢氧钙石呈六方形状或层状不均匀分布。在同一龄期，灰砂配比影响充填体强度，由图 4-18 （a）和（b）可以明显看出，前者针柱状的钙矾石量比后者多，充填体强度的增长与钙矾石的含量正相关，这与物相分析结果相吻合。

图 4-18 （c）~（g）分别为灰砂比 1:4、浓度 70% 时，龄期为 3d、7d、28d、56d 和 90d 的试件扫描电镜照片，对比可以看出，试件龄期为 3d 时生产较多的针状物质，且分布结构较密，通过团絮状、丝状产物相联结，说明此时水化作用已开始反应；其间存在黑色的圈点为孔隙，说明仍存在未参与反应的颗粒。随着龄期的增长，团絮状胶凝物质大量生成，此时，水化产物黏结得相当密实，机械强

灰砂比 1:4、浓度 65%、龄期 7d

(a)

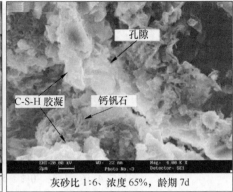

灰砂比 1:6、浓度 65%、龄期 7d

(b)

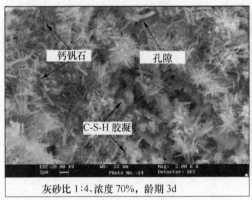

灰砂比 1:4、浓度 70%、龄期 3d

(c)

灰砂比 1:4、浓度 70%、龄期 7d

(d)

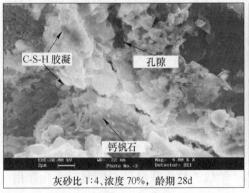

灰砂比 1:4、浓度 70%、龄期 28d

(e)

灰砂比 1:4、浓度 70%、龄期 56d

(f)

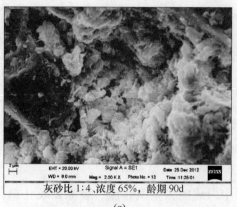

(g)

图4-18 充填体试块 SEM 图像

度和耐久性得到了进一步的增强；表面仍可以看到少量针状物，但大部分已被絮状物覆盖，如图4-18（d）所示。试样龄期为28d时，团絮状胶凝物黏结更加密实，多以整体形式存在，说明水化程度和水化产物的结晶程度越来越高，晶体颗粒明显增大，因而充填体强度也相应增强。试样龄期为56d时，试件放大2000倍，早期水化反应产生的针状物几乎不存在，更多是以成团状、块状或成片状物质形式存在，且团状物质与团状物质或块状物质间黏结得较密实，如图4-18（f）和（g）所示。

对比图4-18（a）和（d）可知，灰砂配比相同，浓度越高，相同的养护时间内水化作用越强烈，相应的水化产物C-S-H胶凝物量越多，分布越整齐；当养护龄期到达90d时，配比相同、浓度不同的充填体内部水化反应程度仍受浓度大小的影响，如图4-19（a）和（b）所示。

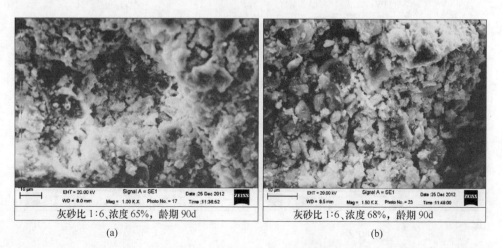

(a)　　　　　　　　　　　　　　(b)

图4-19 相同灰砂配比和龄期（90d）、不同浓度充填体 SEM 图像

4.3.2.2　充填体内部微-细观结构发育特征

充填体内部水化反应是个渐进长期的过程，在显微扫描观察下，充填体内部结构相对比较致密，内部形态多以丝网状成片存在，同时也多出现些孔隙、孔洞等不完整结构，但充填体内部整体性较好，如图 4-20 所示。从图 4-20（b）可见，在高倍（500 倍）放大效果下，充填体内部微观形貌比较疏松，胶凝产物多以絮片状组合，大量孔隙分布在片絮状物周围，排列基本无序；在低倍显微观察下，水化作用产生的胶凝产物多以丝线状黏结，呈丝网状结构，排列致密，如图 4-20（f）所示。

胶凝固结的过程中形成的大量微孔隙、裂隙以及孔洞，分布在胶凝产物周围，形成充填内部的复杂微观结构，影响着充填体的力学特性，同时也表明充填体是非均质、非线性的复杂体。

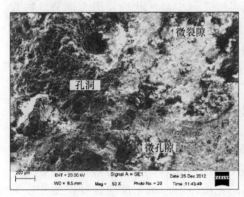

(a)

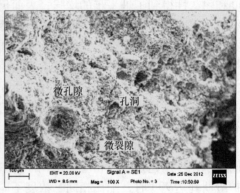

(b)

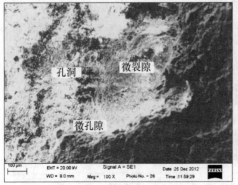

(c)

(d)

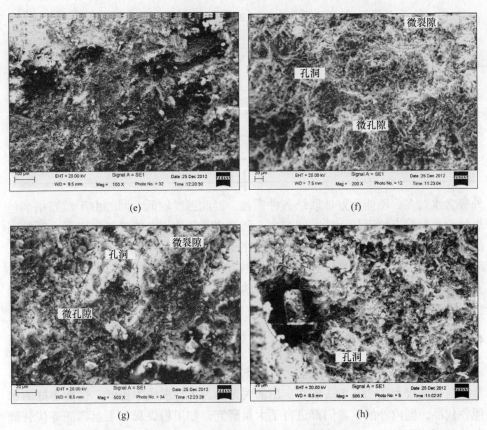

图 4-20　充填体内部微-细观孔隙形貌

（a）放大 50×；（b）~（e）放大 100×；（f）放大 200×；（g）~（h）放大 500×

4.3.3　尾砂级配对强度影响分析

不同灰砂配比、不同浓度以及龄期对充填体的强度影响规律前人们已研究得出了相关规律，基本可以归纳为：灰砂比越大、浓度越高和龄期越长，充填体的强度越大。本次实验的结果也基本遵循上述规律。表 4-3 反映尾砂颗粒级配对充填体强度的影响，测试结果表明，在其他三个因素条件都相同的情况下，分级尾砂的强度值比全尾砂大；当灰砂比 1:4、质量浓度 70%、龄期分别为 3d、7d 和28d 时，分级尾砂充填体的强度比全尾砂胶结强度值分别大 0.48MPa、1.28MP和 1.52MPa，增幅率分别达 104.3%、92.1% 和 41.3%。由增幅率对比可知，分级尾砂早期强度增幅率大，同时表明大颗粒尾砂与胶结物结合得相对更快、更好、更充分，适合对充填体早期强度要求快而高的充填法。胶结剂与尾砂发生水化反应，起初在颗粒的表面进行，即先在颗粒外围表面形成一层凝胶膜，会使后期水化作用进行困难，颗粒粒径越小，其更易于被胶结剂包裹，此时，由于胶凝

表 4-3　不同试样单轴抗压强度

实验试件	灰砂比	浓度/%	龄期/d	全尾砂单轴抗压强度/MPa	分级尾砂单轴抗压强度/MPa	相对变化值/MPa
试样 1	1:4	65	7	0.81	1.19	0.38
试样 2	1:6	65	7	0.69	0.98	0.29
试样 3	1:4	70	3	0.46	0.94	0.48
试样 4	1:4	70	7	1.39	2.67	1.28
试样 5	1:4	70	28	3.68	5.20	1.52

外膜含水过多，不能很好地联结各种颗粒，因此强度较低。同时由于被胶结剂包裹的细小颗粒充填到较大颗粒间隙中，能充当骨料使用，能更好地增强大颗粒间的胶结效果，因而相同条件下分级尾砂的强度要高于全尾砂。但充填材料中粗、细颗粒的组成配比要适中，超细及细颗粒量越多，相同条件下其充填强度越低，充填料浆浓度越低，稳定性越差，越难输送。从金川镍矿成功充填的经验中可以得出，充填骨料中超细颗粒（ -20μm ）含量为 20% 左右最佳。

4.3.4　胶结剂类型对强度的影响

充填采矿法通常采用水泥作为胶结剂，导致水泥胶结剂的用量（成本因素）及胶结性能成为制约充填法成功应用的关键。为了寻求成本更低、性能更好的水泥替代品，国内外的学者们都进行了大量研究，如用粉煤灰、工业赤泥等代替部分胶结剂，取得了一些成果。本次实验直接选取两种不同的固结剂（固结剂 1号、固结剂 2号）代替水泥作为胶结剂，分别进行不同配比、不同浓度、不同龄期条件下的充填体的强度实验。

表 4-4 与表 4-5 分别为固结剂 1号、固结剂 2号和水泥作为胶结材料、质量浓度为 65% 的条件下，不同配比、不同龄期时的充填体单轴抗压强度对比结果，从表 4-4 中可以看出，当灰砂配比为 1:8，龄期分别为 3d、7d 和 28d 时，固结剂 1

表 4-4　固结剂 1号与水泥胶结充填体单轴抗压强度　　　　　　（MPa）

配 比	3d			7d			28d		
	固结剂1号	水泥	差值	固结剂1号	水泥	差值	固结剂1号	水泥	差值
1:10	0.11	0.15	-0.04	0.47	0.24	0.23	1.27	0.61	0.66
1:8	0.18	0.18	0	0.79	0.31	0.48	1.59	1.05	0.54
1:6	0.5	0.26	0.24	1.03	0.69	0.34	2.85	1.34	1.51
1:4	1.0	0.28	0.72	2.33	0.81	1.52	3.39	2.15	1.24

注：全尾砂质量浓度为 65%，负号表示水泥胶结作用较好。

号充填试块的强度值比水泥充填试块的强度值分别大 0MPa、0.48MPa 和 0.54MPa；当配比为 1:6 时，固结剂 1 号与水泥充填试块强度相差值为 0.24MPa、0.34MPa 和 1.51MPa；而且随着灰砂配比的增加和龄期延长，固结剂 1 号的胶结强度优势越明显。从表 4-5 中也可以看出，固结剂 2 号的胶结强度与水泥相比，优势同样明显。

表 4-5　固结剂 2 号与水泥胶结充填体单轴抗压强度　　　　（MPa）

配 比	3d			7d			28d		
	固结剂 2 号	水泥	差值	固结剂 2 号	水泥	差值	固结剂 2 号	水泥	差值
1:10	0.13	0.15	-0.02	0.47	0.24	0.23	0.79	0.61	0.18
1:8	0.19	0.18	0.01	0.66	0.31	0.35	1.24	1.05	0.19
1:6	0.55	0.26	0.29	1.46	0.69	0.77	1.85	1.34	0.51
1:4	1.23	0.28	0.95	2.26	0.81	1.45	3.18	2.15	1.03

注：全尾砂质量浓度为 65%，负号表示水泥胶结作用较好。

表 4-6 表示两种固结剂之间的胶结强度对比，从表 4-6 中可以看出，固结剂 1 号在龄期为 3d 前的强度值小于固结剂 2 号的强度值，说明固结剂 1 号在该阶段胶结作用低于固结剂 2 号，但随着龄期的增长，固结剂 2 号的强度优势减弱，到 28d 时，固结剂 1 号的强度明显高于固结剂 2 号的，因此，从二者的胶结强度对比结果可知，固结剂 1 号的胶结作用要优于固结剂 2 号的。

表 4-6　固结剂 1 号与固结剂 2 号充填体单轴抗压强度　　　　（MPa）

配 比	3d			7d			28d		
	固结剂 1 号	固结剂 2 号	差值	固结剂 1 号	固结剂 2 号	差值	固结剂 1 号	固结剂 2 号	差值
1:10	0.11	0.13	0.02	0.47	0.47	0	1.27	0.79	-0.48
1:8	0.18	0.19	0.01	0.79	0.66	-0.13	1.59	1.24	-0.35
1:6	0.5	0.55	0.05	1.03	1.46	0.43	2.85	1.85	-1.0
1:4	1.0	1.23	0.23	2.33	2.26	-0.07	3.39	3.18	-0.21

注：全尾砂质量浓度为 65%，负号表示固结剂 1 号胶结作用较好。

矿山采用的采矿方法和设计的年产量不同，采场充填时对充填体的强度要求也不尽相同，通常对于嗣后充填或者上向分层类充填法，为了尽早确保设备能在充填体上作业，对充填体的早期强度要求要高而快，一般来说，对于这类充填法，充填体 28d 的强度达到 2.0MPa 以上就可以满足要求；而对于下向充填采矿法，其对充填体的强度要求更高，在国内的有色冶金类矿山作业规范里明确规定，下向充填法的充填体强度必须在 5.0MPa 以上。从上述表中的分析结果可以看出，固结剂 1 号、固结剂 2 号及水泥作为胶结剂在灰砂配比 1:6 时强度分别为 2.85MPa、1.85MPa、1.34MPa，从胶结强度作用方面明显说明，要达到同一标准强度，固结剂 1 号作为胶结剂时用低灰砂配比的充填体强度即可实现。若按照充填体的灰砂配比（水泥作为胶结剂）1:4，水泥单价按 280 元/t 计算，每立方米充填所需水泥成本约 79.0 元；当配比为 1:8 时，每立方米充填所需水泥成本约 45.0 元。从降低灰砂配比角度说明，采用固结剂 1 号作为胶结剂可直接降低矿山充填材料成本；同时，固结剂 1 号在胶结强度作用方面说明，其可替代水泥作为尾砂胶结充填的胶结材料，且在价格方面比水泥更便宜，有利于降低矿山充填成本。

4.3.5　胶结充填体 28d 强度发展模型

为了得到全尾砂胶结充填体随龄期变化的强度变化数学模型，分别对不同配比、不同浓度、不同颗粒级配尾砂以及不同种类胶结剂时的尾砂充填体单轴抗压强度变化进行非线性曲线拟合。

充填体的灰砂配比、浓度以及龄期是影响充填体强度的三大主要因素，为了分析方便，先给一个变量赋予一个定值，再分析其他两个因素对充填体强度的影响。图 4-21 为灰砂比 1:4、不同浓度时全尾砂充填体强度拟合曲线，从图中可看出，养护龄期 28d 内，不同浓度的充填体强度基本遵循指数函数 $y = ae^{bt}$ 增长，且拟合结果的复相关系数 R^2 都在 99% 以上，表明回归显著，具有很高的精度；当尾砂质量浓度越高时，指数曲线越陡，说明强度增长越快，强度值越大。

当浓度一定、灰砂比变化时充填体的强度随龄期变化规律与上述得到的灰砂比一定、浓度变化时充填体随龄期变化规律相同，遵循指数函数 $y = ae^{bt}$ 曲线增长，复相关系数都很高，灰砂比越大，指数函数曲线越陡，表明充填体强度值越大，如图 4-22 所示。

图 4-23、图 4-24 表示两种不同的固结剂（固结剂 1 号和固结剂 2 号）作为胶结剂时，充填体在不同配比、不同浓度时的充填体强度随龄期变化的拟合曲线，其变化规律与水泥胶结充填体的基本相同，同样遵循指数函数 $y = ae^{bt}$ 的增长模式。

综合以上研究结果表明，在养护龄期为 28d 之内，无论是以水泥还是固结剂 1 号、固结剂 2 号作为胶结剂，不同配比、不同浓度条件下充填体的单轴抗压强度增长模型均相似；灰砂比越大，浓度越高，养护龄期越长，充填体的强度增长曲线越陡。强度增长曲线形状与灰砂配比、料浆浓度、胶结剂类型以及养护龄期相关，总体可用下式表示：

$$y = c + ae^{bt} \tag{4-2}$$

式中，a、b、c 同时受灰砂配比、浓度以及尾砂级配因素影响；t 为与养护龄期相关的因素。

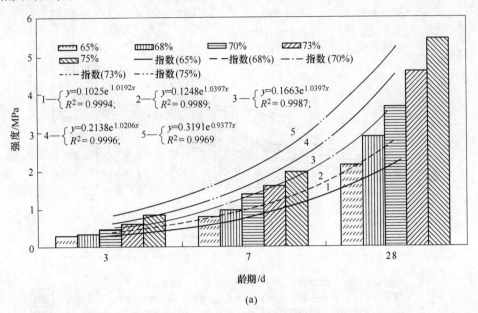

(a)

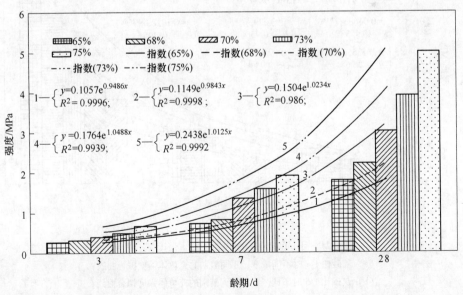

(b)

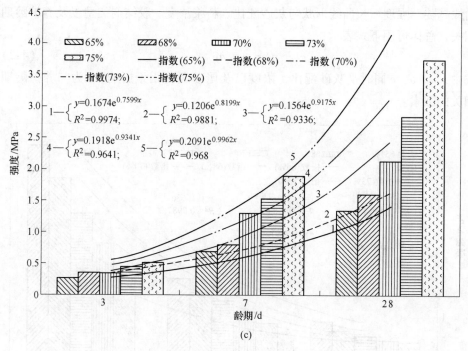

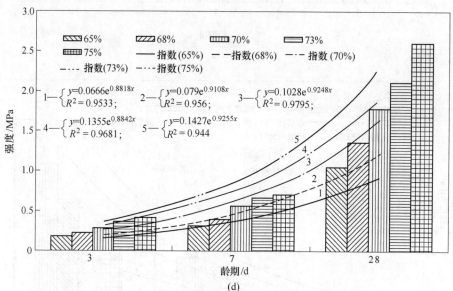

图 4-21　不同浓度时全尾砂充填体强度拟合曲线

（a）灰砂比 1:4 时不同浓度、不同龄期的充填体强度拟合曲线；

（b）灰砂比 1:5 时不同浓度、不同龄期的充填体强度拟合曲线；

（c）灰砂比 1:6 时不同浓度、不同龄期的充填体强度拟合曲线；

（d）灰砂比 1:8 时不同浓度、不同龄期的充填体强度拟合曲线

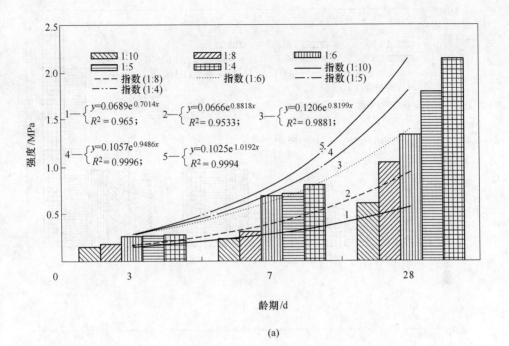

(a)

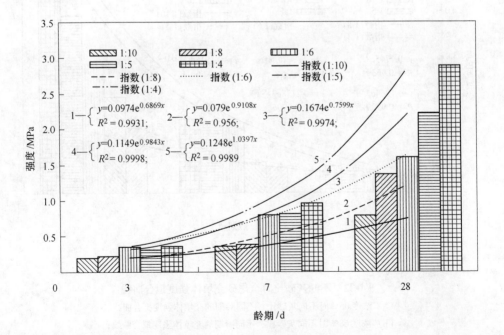

(b)

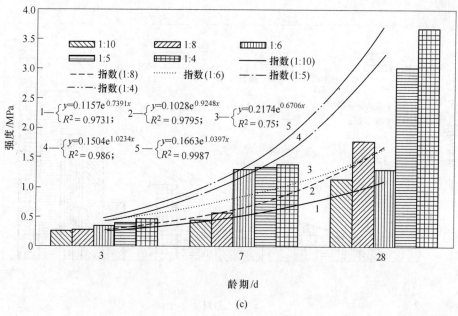

(c)

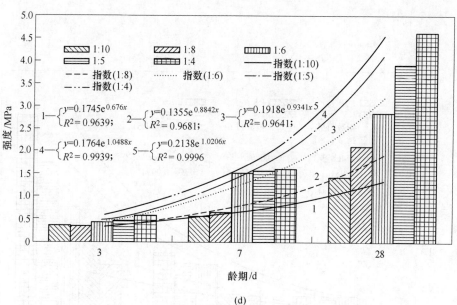

(d)

图 4-22　不同灰砂比时全尾砂充填体强度拟合曲线

（a）浓度 65% 时不同灰砂比、不同龄期的充填体强度拟合曲线；

（b）浓度 68% 时不同灰砂比、不同龄期的充填体强度拟合曲线；

（c）浓度 70% 时不同灰砂比、不同龄期的充填体强度拟合曲线；

（d）浓度 73% 时不同灰砂比、不同龄期的充填体强度拟合曲线

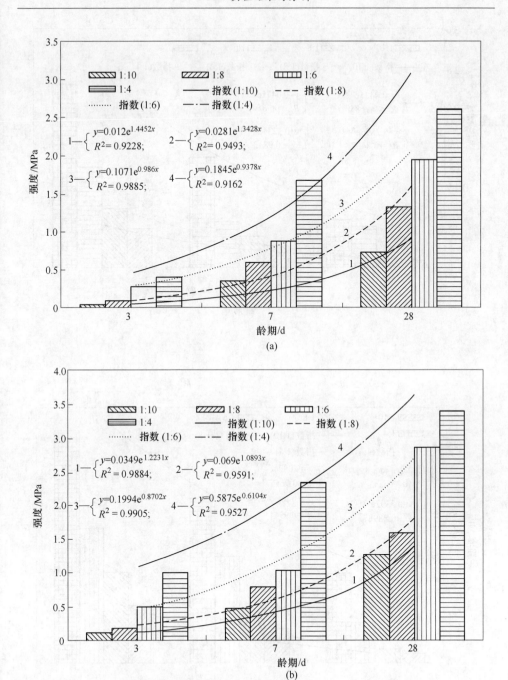

图 4-23 不同灰砂比时 1 号固结剂充填体强度拟合曲线

（a）浓度 65% 时不同灰砂比 1 号胶结剂充填体强度拟合曲线；

（b）浓度 70% 时不同灰砂比 1 号胶结剂充填体强度拟合曲线

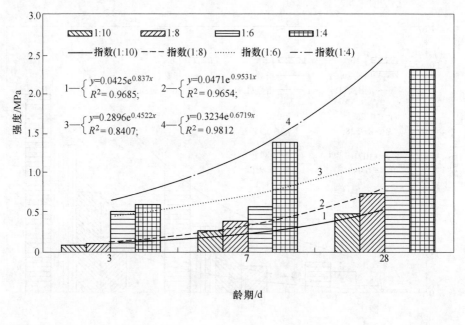

(a)

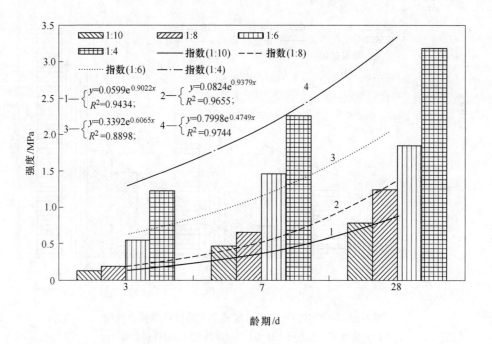

(b)

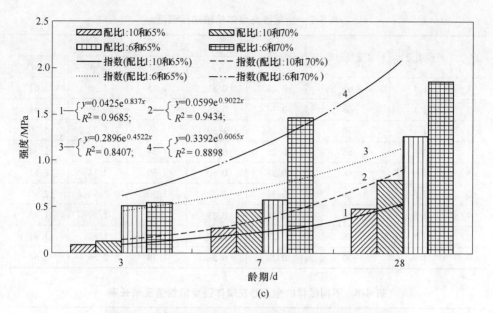

图 4-24 不同灰砂比时 2 号固结剂充填体强度拟合曲线

（a）浓度 65% 时不同灰砂比 2 号胶结剂充填体强度拟合曲线；

（b）浓度 70% 时不同灰砂比 2 号胶结剂充填体强度拟合曲线；

（c）浓度 65%、68% 时不同灰砂比 2 号胶结剂充填体强度拟合曲线

4.3.6 胶结充填体长期强度发展模型

4.3.6.1 全尾砂充填体长期强度增长规律

从上述的研究结果可知，全尾砂充填体的内部水化作用产生的胶凝物质元素含量随着养护龄期的延长而在逐渐增加，直接说明充填体在 56d 和 90d 龄期内，其强度仍在继续增加。为了研究充填体在 28d 后的长期强度发展规律，根据充填体强度测试实验过程和方法，制备了不同灰砂质量比、料浆质量分数的充填体，最后测得了其充填体长期单轴抗压强度。不同养护龄期全尾砂充填体强度见表 4-7。不同试样的全尾砂充填体强度增加值及增长率见表 4-8。为了方便分析不同阶段的充填体强度增长规律，将某一阶段内充填体的强度增加值与 90d 充填体强度的比值作为该时间段内充填体强度的增长率。从表 4-8 可知，任何配比、浓度组合下的充填体强度随着养护龄期增长而增大，其中 7~28d 时间段内，充填体强度增加最明显；不同灰砂质量比条件下的充填体强度增加程度不相同，当灰砂质量比为 1:4 或 1:6 时，56~90d、28~56d 和 7~28d 的充填体强度增长率均比 3~7d 强度增长率大，56~90d 充填体强度增长率还能达到 20% 以上，这说明高灰砂质量比充填体在 90d 养护期以内其水化反应仍在继续，同时还可以推断 90d 以后，其强度仍会呈一定幅度增长，这一点与 4.3.1 节中水化产物元素分析得到的

表 4-7　全尾砂充填体单轴抗压强度

序号	灰砂质量比	料浆质量分数/%	抗压强度/MPa				
			3d	7d	28d	56d	90d
1	1:4	65	0.28	0.81	2.15	2.36	3.67
2	1:4	68	0.36	0.96	2.88	4.33	5.64
3	1:4	70	0.46	1.39	3.68	5.28	6.26
4	1:6	65	0.26	0.69	1.34	1.56	2.34
5	1:6	68	0.35	0.80	1.60	2.18	2.62
6	1:6	70	0.34	1.30	1.30	2.83	2.90
7	1:8	65	0.18	0.31	1.05	1.59	1.82
8	1:8	68	0.22	0.39	1.36	1.87	1.91
9	1:8	70	0.28	0.56	1.78	2.56	2.64

表 4-8　不同试样的全尾砂充填体强度增加值及增长率

序号	3d 增长率/%	3~7d		7~28d		28~56d		56~90d	
		增加值 /MPa	增长率 /%	增加值 /MPa	增长率 /%	增加值 /MPa	增长率 /%	增加值 /MPa	增长率 /%
1	7.60	0.53	14.4	1.34	36.5	0.21	5.77	1.31	35.7
2	6.40	0.60	10.6	1.92	34.0	1.45	25.70	1.31	23.2
3	7.30	0.93	14.9	2.29	36.6	1.60	25.60	0.98	15.7
4	11.10	0.43	18.4	0.65	27.8	0.22	9.40	0.78	33.3
5	13.40	0.45	17.2	0.80	30.5	0.58	22.10	0.44	16.8
6	11.70	0.96	33.1	0	0	1.53	52.80	0.07	2.4
7	9.80	0.13	7.1	0.74	40.7	0.54	29.70	0.23	12.6
8	11.50	0.17	8.9	0.97	50.8	0.51	26.70	0.04	2.1
9	10.60	0.28	10.6	1.22	46.2	0.78	29.50	0.08	3.0

结果相一致；当灰砂质量比为 1:8 时，7~28d 内充填体增长率达到最大，28d 以前强度增长率大幅度增加，28d 后强度增长率呈下降趋势，到 56~90d 时，强度增长几乎停止，这表明灰砂质量比 1:8 充填体在 28d 左右时，其水化反应最强烈，其后水化反应慢慢变弱，到 90d 左右基本反应完全。

尾砂颗粒级配对充填体强度的影响见表 4-9。测试结果表明：在其他 3 个因素条件相同的情况下，在养护龄期 56d 之前，分级尾砂的强度比全尾砂的大，到 90d 时，分级尾砂的强度反而比全尾砂的小；当灰砂质量比 1:4、质量分数 70%、不同龄期时,分级尾砂充填体的强度比全尾砂胶结强度分别增加 0.48MPa、1.28MPa、1.52MPa、0.24MPa 和 −0.33MPa,增长率分别达 104.3%、92.1%、41.3%、4.5% 和 −5.3%。由增长率对比可知:分级尾砂养护龄期 28d 的强度增长率大,到 28d 后,强度增加值急剧下降,表明早期大颗粒尾砂与胶结物结合得相对更快、更好、更充分,因而适合对充填体早期强度要求快而高的充填法。胶结剂与尾砂发生水化反应,起初在颗粒的表面进行,先在颗粒外围表面形成一层凝胶膜,会使后期水化作用进行困难,颗粒粒径越小,其越易于被胶结剂包裹,此时由于胶凝外膜含水过多,不能很好地联结各种颗粒,因此强度较低。同时由于被胶结剂包裹的细小颗粒充填到较大颗粒间隙中,能充当骨料使用,能更好地增强大颗粒间的胶结效果,因而相同条件下分级尾砂的强度要高于全尾砂。但随着养护龄期的增长,全尾砂内部细颗粒全面参与水化作用,细颗粒含量越多,颗粒比表面积越大,与水化反应的接触面越广,水化作用总体表面积加大,所需的水化反应周期相应变长,最后导致全尾砂的强度甚至超过分级尾砂的强度。

表4-9 不同试样单轴抗压强度

试件	灰砂质量比	料浆质量分数/%	龄期/d	单轴抗压强度/MPa		相对变化值/MPa	对比增长率/%
				全尾砂	分级尾砂		
1	1:4	70	3	0.46	0.94	0.48	104.3
2	1:4	70	7	1.39	2.67	1.28	92.1
3	1:4	70	28	3.68	5.20	1.52	41.3
4	1:4	70	56	5.28	5.52	0.24	4.5
5	1:4	70	90	6.26	5.93	−0.33	−5.3

注:试样采用分级尾砂,20μm 以下颗粒全部筛除。

通过对比不同阶段内的全尾砂充填体强度增加值和增长率的变化情况,可以看出:高灰砂质量比(如 1:4、1:6)的全尾砂充填体强度在 56d 和 90d 以后还在继续增加;而灰砂质量比为 1:8 的充填体在 28~56d 内充填体强度增长率仍能达 26.7% 以上,但 56d 后,充填体的强度增长率急剧减小,说明灰砂质量比越大、细颗粒含量多,水化反应周期越长。为了进一步了解充填体强度的长期增长规律,有必要对充填体的长期强度增长模型进行进一步研究。

4.3.6.2 充填体长期强度增长模型

为了得到全尾砂胶结充填体随龄期变化的长期强度增长模型,分别对不同配比、不同料浆质量分数条件下充填体的单轴抗压强度变化规律进行了非线性曲线

拟合。不同灰砂质量比条件下充填体的强度增长及增长规律拟合曲线如图 4-25
所示。从图 4-25 可知：充填体在养护龄期 90d 内，灰砂质量比越大，增长曲线
越陡，说明强度增长越快；灰砂质量比一定时，料浆质量分数越高，增长曲线越
陡；不同灰砂质量比和料浆质量分数条件下，其强度随着龄期变化基本遵循函数
$y = ax^2 - bx$ 增长，且拟合结果的复相关系数 R^2 都在 97% 以上，表明回归显著，
具有很高的精度。

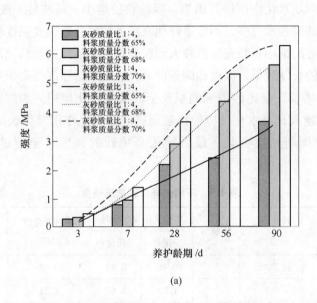

(a)

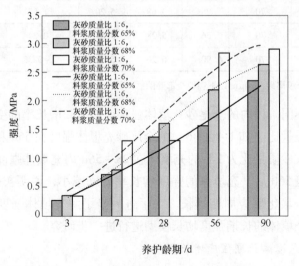

(b)

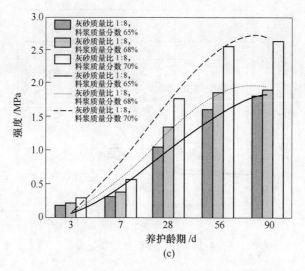

图 4-25 不同灰砂质量比充填体强度增长曲线

（a）灰砂质量比为 1:4；（b）灰砂质量比为 1:6；

（c）灰砂质量比为 1:8

从上述拟合的曲线结果可以看出，任何灰砂质量比和料浆质量分数的充填体，其强度随着龄期延长而增大，强度增加的趋势和规律基本一致，强度增长曲线形状呈"S"形。按照强度增长划分，可将充填体强度增长过程划分为初始阶段、加速阶段、减速阶段和平缓阶段，而强度加速阶段和减速阶段可合并为强度快速增长阶段，则充填体的强度增长模型最终可分为强度增长初始时期、强度快速增长时期以及强度增长平缓期。根据"S"形曲线函数特点可知："S"形曲线奇对称，如果强度的最终增长水平累积率为 100%，则增长率水平达到 50% 时是个转折点，在该转折点之前，强度增长加速，此后强度增长减速。因而可将强度增长率区间 0~25% 定义为强度初始时期，增长率区间 25%~75% 定义为强度快速增长时期，而增长率位于 75%~100% 间划为强度增长平缓期。颗粒级配、灰砂配比和料浆质量分数对强度增长曲线的形状产生影响，当全尾颗粒级配较佳、料浆质量分数高和灰砂质量比高时，充填体强度增长快，增长曲线变陡；反之，其结果相反，如图 4-26 所示。

充填体强度是选择灰砂质量比的重要依据，选择合理的充填体强度，既要保障充填采场安全，又要避免因充填体强度过高而导致充填成本过高。目前，选择充填体的强度，通常借鉴建筑系统中混凝土强度评定标准（GB 175—1999），认为充填体 3d 的抗压强度就可达到 28d 的 50% 以上，而 7d 的抗压强度可达到 28d 的 70%~80% 以上，在选择充填体的强度时，选用 28d 的强度作为标准，由于混凝土中含有一定量的粗骨料，其强度发展到 28d 时基本达到最大。矿山充填体的原材料组成基本类似于混凝土，在采用分级尾砂胶结充填体阶段，借鉴上述方法

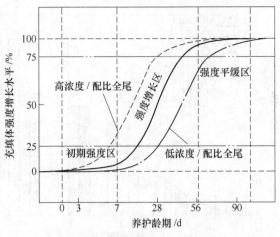

图 4-26　充填体强度增长过程

选定充填强度,最终选择充填灰砂质量比具有一定的合理性,但随着尾砂粒径变细,细颗粒组成占据全尾砂的比例越来越大,因而含细颗粒多的全尾砂特性也会发生相应的变化,如力学特性。以上研究结果表明:细颗粒含量多的充填体具有长期强度特性,充填体的长期强度特性与全尾砂的粒径级配相关,是当全尾砂中细粒径颗粒含量达到一定量时应有的特性。

　　将全尾砂的长期强度特性引入矿山充填体强度选择中,对于一些对充填体早期强度要求不高的充填采矿方法,如采用二步骤回采顺序的阶段嗣后充填法,将充填体的长期强度作为充填采场选择充填体强度的参考值,能直接降低矿山充填胶结剂用量,相应地减少充填法采矿成本。确定了充填体长期强度增长模型,不必通过实验室实验即可以掌握任何龄期内充填体的强度值,减少了相应的实验成本和时间,同时还可以在现场实时了解采场充填体的强度变化,确保满足采场作业强度要求。

　　充填体的长期强度特性是全尾砂材料中细粒径颗粒含量增加到一定程度时应有的结果,也可作为超细全尾砂区别于全尾砂或分级尾砂的分类标准之一。

5 高浓度嗣后充填采场稳定性分析

从 20 世纪初至今，国内外学者对采煤引起的覆岩移动破断和地表塌陷规律进行了大量的研究，特别是针对"三下一上"开采技术的研究。研究的方法有连续介质理论和非连续介质理论，以及以力学为基础的砌体梁理论、关键层理论等；数值模拟技术，相似材料实验也成功运用到分析采场围岩破坏规律和机理中。与煤矿类软岩矿山采场围岩破坏规律相比，金属矿山在矿体赋存条件、地层结构、矿体形成过程、构造应力条件以及采矿方法等方面存在显著的差异，因而导致在开采过程中围岩应力分布和崩落规律也不尽相同。目前，研究金属矿山采场围岩破坏机理的主要方法有数值模拟和现场监测法等。杜翠凤教授等采用现场钻孔监测与相似材料实验相结合的方法，得到了无底柱分段崩落法在开采过程中顶板围岩变形和崩落规律；王金安等对浅埋坚硬覆岩下开采地表塌陷机理进行了数值模拟，表明"复合应力拱"破坏是导致采场上覆岩石断裂、地表塌陷的主要原因。

阶段嗣后充填法遵循各分段爆破落矿、底部集中出矿、下分段开采滞后上分段回采的原则，其具有生产效率高，资源回采强度大等优点，但由于阶段矿柱高，空场暴露面积大，对矿岩自稳性要求高，特别是当临近矿房开采完时，矿柱受载荷集中加剧，有些矿柱在矿房空区未进行充填前就已发生失效，不仅影响本阶段采场稳定，同时还影响上阶段采场作业安全，顶板一旦发生垮冒，可能引起冲击地压、地表塌陷等重大灾害事故。矿柱和顶板的稳固性等级直接决定着嗣后采场的整体安全，因此有必要对金属矿山阶段嗣后采场围岩破坏机理进行研究。一些采用阶段嗣后充填法采矿和崩落法向充填法转型的矿山，在未及时充填采空区之前，顶板一旦发生垮冒，很可能会导致与崩落法松散覆盖岩层贯通，而引起重大灾害事故，如冲击气压、井下泥石流等，因此上、下两阶段过渡层的厚度至关重要。目前对于嗣后充填采场的稳定性研究工作较少，特别在崩落法向充填法转变的过渡层厚度方面。因此，展开阶段嗣后充填采场矿柱破坏模式和稳定性方面的研究具有十分重要的意义。

本章对和睦山铁矿阶段嗣后采场在开采过程中顶板围岩曾发生垮塌，导致采场周边工程和作业设备塌陷采空区的原因进行分析，采用数值模拟技术分析不同开采方案对已采空区的扰动影响，研究了金属矿山阶段嗣后采场围岩失稳演化模式和破坏机理。

5.1　充填采场围岩破坏特征

　　和睦山铁矿后观音山矿段采用阶段嗣后充填法开采，矿房、矿柱尺寸和分段高都为 12.5m，矿块长度为 50m，矿段划分为 –162.5m、–175m、–187m 三个分段，阶段高度 37m，如图 5-1 所示。矿体赋存于闪长岩与周冲村组地层接触带

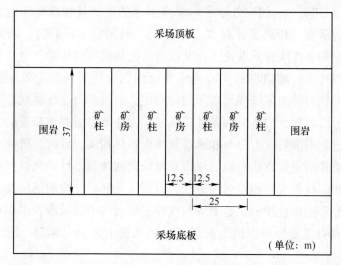

(a)

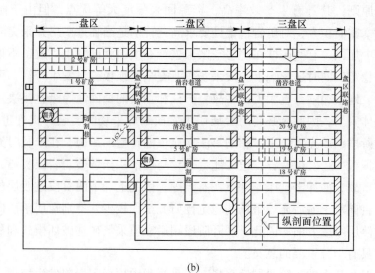

(b)

图 5-1　阶段嗣后采场布置

(a) 剖面图；(b) 平面图

和靠近接触带的灰岩中，矿段节理裂隙发育程度高，属构造型节理；矿石以磁铁矿为主，矿体粉化、泥化严重，并有较强的高岭土化，粉矿带与块矿带夹杂，矿岩整体稳定性较差。

2009 年，矿山在开采 19 号矿房过程中采场发生顶板围岩垮冒，高度延伸到 −150m 阶段；矿房周边部分巷道向采空区垮塌；邻近空区矿房内凿岩巷道直壁直接向采空区发生移动；盘区间的联络巷道也发生不同程度破坏，如图 5-2 所示。从 2009 年 9 月 30 日的采场实测图中可以明显看出采场在不同阶段破坏的范围不同，−162.5m 阶段垮塌面积 425m^2，相当于一个采场总面积的 72%；−175m 阶段垮塌面积达 581.25m^2，相当于一个采场总面积的 93%；破坏范围都已波及周边矿房。矿房采完形成的空区由于胶结充填站的建设滞后，以及矿山年生产任务重等原因一直未得到及时处理，空区局部垮塌现象一直断断续续地发生，在进行采场破坏程度现场调查时常能听到破碎矿岩掉入空区的响声；2010 年上半年又发生了一次较活跃的失稳破坏，导致其邻近巷道内的凿岩设备掉入空区，如图 5-3 所示，嗣后采场失稳破坏的突发性已严重影响了矿山正常生产。

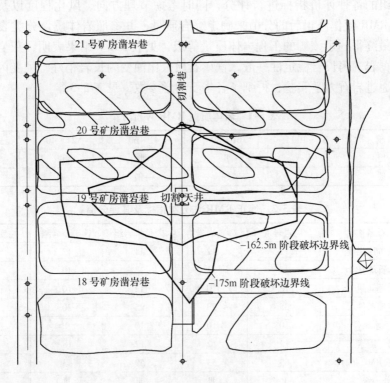

图 5-2 采场破坏实测范围

图 5-3 巷道破坏图

5.2 充填采场围岩稳定性分级

　　RMR 法（rock mass rating）是一种普遍应用于众多岩体工程质量评价的方法，其综合考虑了岩石强度、节理间距及特征、岩芯质量（RQD）、地下水条件等诸多地质因素的影响。为了分析嗣后采场的稳定性，采用 RMR 法对和睦山铁矿各岩组的各种评价指标进行评分，同时考虑节理方向、风化程度以及爆破影响，以 RMR 值作修正后的分值来确定综合质量，并参照岩体质量分类表（见表5-1），最终得到了该矿的工程岩体质量等级，见表5-2。结果表明，灰岩质量稍好，砂页岩、闪长岩稳定性一般，铁矿石质量比蚀变闪长岩稍好，蚀变闪长岩质量差。通过岩石力学实验，得到了各岩石力学参数，见表5-3。

表 5-1 岩体质量 RMR 评价分类

RMR 值	81 ~ 100	61 ~ 80	41 ~ 60	21 ~ 40	< 20
等 级	I	II	III	IV	V
性 质	很好	好	一般	差	很差

表 5-2 修正 RMR 法分类指标及其评分值

岩石名称	灰岩岩组	砂页岩岩组	闪长岩岩组	铁矿石岩组	蚀变闪长岩
单轴抗压强度	12	12	11	12	6
岩芯质量 RQD	15	13	13	10	8
节理间距	13	10	12	10	8
节理条件	25	20	25	20	20
地下水条件	10	10	10	9	9
修正因素	12	12	12	18	12
修正 RMR 值	63	53	59	43	39
分 级	II	III	III	III	V
性 质	好	一般	一般	一般	差

表5-3　岩石力学参数

岩性	弹性模量 E/GPa	泊松比 μ	抗压强度 /MPa	抗拉强度 /MPa	摩擦角 /(°)	容重 /kN·m^{-3}	内聚力 c/MPa
砂页岩组	6.3~7.9	0.23~0.25	97.7~119.0	1.87	36~59	27	2.34
铁矿石	10.8~13.9	0.17~0.34	50.2~81.1	2.00	34~37	32	3.67
闪长岩	12.1~24.3	0.14~0.27	83.0~127.3	2.50	42~48	29	5.44

5.3　充填采场开采扰动全过程分析

本节研究以和睦山铁矿后观音山嗣后充填采场为工程背景。后观音山矿段采用的是阶段盘区嗣后充填法开采，矿房、矿柱尺寸和分段高都为12.5m，矿块长度为50m，矿段划分 -162.5m、-175m、-187m 三个分段，阶段高度37m，如图5-4所示。矿体赋存于闪长岩与周冲村组地层接触带和靠近接触带的灰岩中，矿段节理裂隙发育程度高，属构造型节理；矿石以磁铁矿为主，矿体粉化、泥化严重，并有较强的高岭土化，粉矿带与块矿带夹杂，矿岩整体稳定性较差。

阶段嗣后充填采用中深孔凿岩爆破，回采工作面从切割槽开始，逐次向两边退采，回采步距为3.6m，首采地点在最上分段，因而上分段形成的空区存在时间更长；下分段滞后于上分段，各分段开采作业相互扰动影响大；矿山在开采矿房的过程中，采场发生过顶板围岩垮冒、矿房周边工程发生不同程度破坏，直接影响到了矿山的生产安全；故对开采过程中各阶段时期内的开采扰动对嗣后采场不同位置采场围岩的应力状态、变形变化以及破坏模式进行深入研究，具有重要的现实意义。

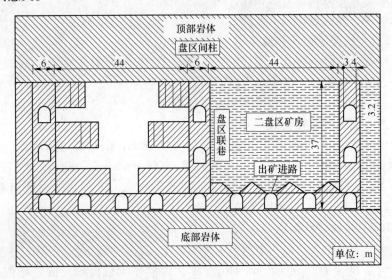

(a)

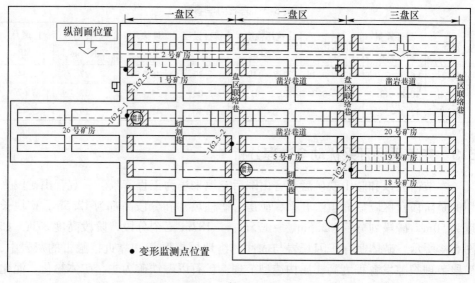

(b)

图 5-4 采场布置
(a) 纵剖面图；(b) 平面图

5.3.1 相似材料模型实验

相似模型实验是研究采场稳定性与破坏规律的重要手段之一，利用相似理论确定相应的相似参数，如几何相似比、时间相似比、容重相似比以及强度相似比值等，与理论计算等其他方法相比，相似材料实验更能直观形象地反映围岩应力变形变化规律、塌落过程以及断裂形式。

5.3.1.1 模型原型及相似尺寸

根据和睦山铁矿后观音山嗣后采区布置方式，模型原型选择沿盘区布置的走向方向，如图 5-4 所示。沿采场走向，嗣后采场分为三个盘区，当其中一个盘区开采时，采矿活动会对采场自身和邻近盘区稳定性会产生较大影响，因而沿盘区走向方向选取剖面相对较合理。

由于矿体沿走向布置了三个盘区，每盘区 50m，嗣后采场顶部距地表约 180m，因此实验模型尺寸选取为长×宽×高＝200cm×25cm×90cm，模型几何相似比 $\alpha_l = 100$，时间相似常数 $\alpha_t = 10$，容重相似常数 $\alpha_\gamma = 1.6$，强度相似常数 $\alpha_\sigma = 160$，模型方向沿采场盘区走向。

5.3.1.2 相似材料配比

实验选用河砂作为粗料，密度为 $1.35 \sim 1.45 \mathrm{g/cm^3}$；石灰、石膏作为胶结物，密度分别为 $2.60 \sim 2.75 \mathrm{g/cm^3}$、$0.936 \mathrm{g/cm^3}$；硼砂作为缓凝剂。按照相似条件，则可计算得到模型的物理力学参数，见表 5-4。同时为了保证相似材料的强度的准确性，试验前需按照各配比条件至少制作 3 组试件，每组 4 个试件进行强度验证。

表 5-4 模型材料配比及物理力学参数

岩性/组	模拟抗压强度 /MPa	模拟容重 /kN·m⁻³	弹性模量 /GPa	配比号	配比材料
灰岩岩组	0.11 ~ 0.24	16.9	0.02 ~ 0.03	982	砂、石灰、石膏
铁矿石	0.31 ~ 0.51	20.0	0.07 ~ 0.09	882	砂、石灰、石膏
闪长岩	0.52 ~ 0.80	18.1	0.08 ~ 0.15	864①	砂、石灰、石膏

① 配比号 864 表示砂占总质量的 8 份，石灰和石膏共占总质量的 1 份。

5.3.1.3 监测设备及测点布置

借助数码相机、百分表、应变计和全站仪等仪器记录采场在开挖过程中的围岩破坏情况、围岩压力与地表移动变化。变形监测点布置在模型表面，应变片布置在矿体内部，百分表监测间柱侧向变形量，在制作模型过程中预先按设计位置埋入应变片，应力数据则采用应力自动采集器收集。模型顶部采用液压加载系统模拟模型初始应力场，变形监测点的间距为 10cm × 12.5cm，共布置 8 行 12 列共 96 个监测点；应力监测点共布置 11 个；百分表监测点共布置 4 个，具体如图 5-5、图5-6 所示。开采过程中用高清数码相机拍摄采场围岩裂纹产生、扩展以及破坏的全过程。

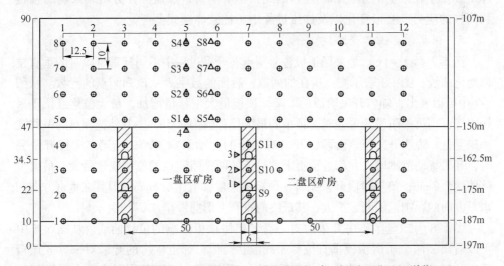

图 5-5 模型设计与监测点布置

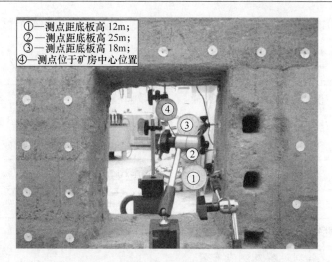

①—测点距底板高 12m；
②—测点距底板高 25m；
③—测点距底板高 18m；
④—测点位于矿房中心位置

图 5-6　试验模型

5.3.1.4　实验结果与分析

遵循矿山的实际生产回采顺序，即先从最上分段（ - 162.5m 水平）开采，沿矿房中间的切割槽向两边同时回采，而后回采下分段，下分段的回采顺序滞后于上分段；为了尽量接近实际情况，每次的开采步距为 4cm，一个分段分 11 次采完；每次采完后对应变、变形数据进行收集。

阶段嗣后采场开采过程中，其顶部岩体和盘区间矿柱的稳定是关键，即其破坏主要发生在采场的顶板和间柱，因此，本节实验重点监测并分析了采场的顶板和间柱的应力、变形变化以及加压过程中矿柱破坏模式。

A　采场顶部围岩变形规律分析

图 5-7（a）~（c）是采场顶板各监测点在开采过程中不同开采阶段时的垂直位移变化曲线，图中 i 表示测点所在的列数，后面的数字表示该列测点的行数。从图 5-7 中可以看出，随着开采阶段的下降，顶板最大位移量增加，最大位移点位于采场中部；当第一阶段开采完时，顶板的最大位移值为 2.5mm，其他监测点的位移几乎未变化，说明开采至该阶段，开采对顶板的扰动影响较小；当第二阶段开采完时，开采扰动范围增大，邻近顶板上方最近的两排监测点的位移变化最大，最大位移值达 5.7mm；第三阶段开采完时，顶板最大位移值达 6.5mm，但其在垂直方向和水平方向的影响范围明显扩大，其最终的垂直变形曲线呈"U"形。

图 5-8 为二盘区矿房开采时对一盘区矿房顶板影响的位移曲线。从图 5-8 中可以看出，两个矿房顶板垂直位移曲线形状类似；邻近矿房的开采对一盘区顶板垂直位移产生了一定程度的影响，可其影响程度不大，究其原因主要由于中间矿柱起到了有效的隔离作用，这点从矿柱上力的变化也可以得到验证；但是随着邻近矿房开采数量的增多和强度的加大，邻近采场的扰动效应不可忽视。

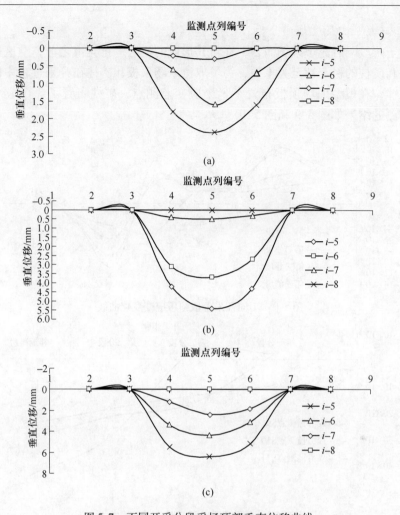

图 5-7 不同开采分段采场顶部垂直位移曲线

（a）第一分段开采完；（b）第二分段开采完；（c）第三分段开采完

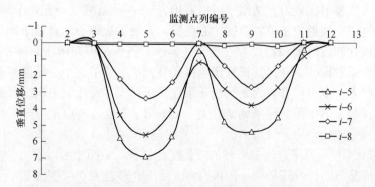

图 5-8 相邻矿房开采完场顶部垂直位移曲线

    B   采场应力变化规律分析

    对于阶段嗣后充填采场而言，在对其形成的空区进行充填之前，空区的顶板稳定性和矿柱的稳定性至关重要，为了取得采场顶板和矿柱在开采过程中的应变变化规律，在模型采场顶板布置了 8 个应变监测点，矿柱布置了 3 个应变监测点，监测的结果如图 5-9 和图 5-10 所示。

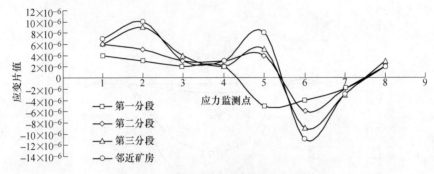

图 5-9   不同开采分段顶板应变变化曲线

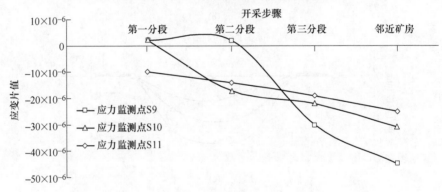

图 5-10   不同开采分段矿柱应变变化曲线

    图 5-9 为采场顶板在不同开采时期的顶板应变变化规律曲线，其值为正表示拉应力，为负表示压应力，从图中可以看出，1~4 号监测点一直处于卸压状态，这是由于这四个测点位于采场空区中心位置，采场顶板中心一直处于卸压区，不同开采阶段，卸压范围和程度存在差异；5 号监测点经历先增压后卸压的过程，说明随着开采阶段的下降，顶板卸压范围仍在增大；而 6 号、7 号监测点一直处于压应力状态，本书作者认为是采场开采在顶板形成了普氏应力拱，开采形成的应力集中通过应力拱传导到采场矿柱上，而 6 号、7 号监测点正好处于应力传导带上，直接造成压应力一直增大。

    图 5-10 为整个开采过程中矿柱的应变变化过程，从图中可以看出，矿柱不同位置受力情况不同，当开采第一阶段时，9 号、10 号监测点应变值基本未发生变化，11 号监测点处于压应力状态，说明此时开采扰动对 11 号监测点附近矿柱已产

生了影响，而对于第一分段水平以下的矿柱几乎无影响；当开采进行到第二分段时，10 号、11 号监测点进入压应力状态，说明随着开采阶段的下降，矿柱受力作用明显；到三分段全采完时，矿柱整体受力，其中 9 号监测点位置受力最大；当邻近矿房开采完时，矿柱的受力加重，表明两个采场的开采加剧了矿柱的应力。从监测矿柱应变变化和分析结果来看，矿柱的应力状态一直处于增加状态，矿柱中间（9 号监测点位置）位置受力最大，邻近盘区矿房的开采也加剧了矿柱的受力作用，同时也用实验证明矿柱的稳定对保持两边采场稳定起到了决定性的作用。

C 采场破坏模式分析

为了进一步形象地反映采场扰动破坏特征，对实验模型进行了加载，同时监测了其顶板和矿柱的侧向变形量，其宗旨在于反映采场在不同压力条件下顶板与间柱的失稳和破坏模式。

在对模型进行加载的过程中，矿房顶板和间柱破坏明显，顶板起初产生小面积的剥落，随着加载压力的增加，剥落的高度和范围随之增加，剥落区域的形状类似拱形。图 5-11 为在不同加载步骤下的间柱破坏模式，顶部围岩压力增加到 10MPa 时，临近空区一侧的间柱和盘区联络道顶部各产生一条弧形的裂隙，间柱发生劈裂破坏，如图 5-11（a）所示；此时监测点 2 的水平位移值达 45mm，如图 5-12 所示，与监测点 3、监测点 1 的水平位移变化规律类似。随着荷载增加，间柱上裂隙发育越来越明显，间柱内部的巷道一侧岩壁也发生了向空区的移动，各分段位置上的巷道形状发生明显的变形，如图 5-11（b）所示。载荷值加到 45MPa 时，即采场整体破坏前最后一次加压，间柱沿一条角度近似 60° 的裂隙面

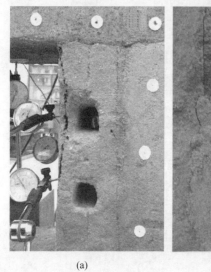  

(a)　　　　　　　　　　(b)　　　　　　　　　　(c)

图 5-11　间柱破坏模式

（a）加载 20MPa；（b）加载 35MPa；（c）破坏前，即加载 45MPa

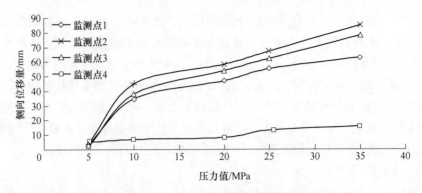

图 5-12　间柱加载时侧向位移曲线

发生移动；监测点 2 的最大位移值达 82mm，如图 5-11（c）所示。

　　通过模型加载试验可知，模型在受力增加的过程中，矿房顶板矿岩主要受拉伸作用而发生冒落，冒落的范围随着压力的增加而加大；间柱先发生劈裂破坏，后受集中应力的作用，整体发生剪切移动；由于矿柱整体向矿房空区剪切移动，位于间柱内部的巷道也发生错动，巷道邻近矿房空区的侧壁发生明显的变形破坏。

5.3.2　开采扰动全过程数值分析

　　为了更加明显地反映采场在开采过程中围岩变形变化规律，参照采场实际布置形式和尺寸，选取了与相似材料模型实验一致的剖面，并考虑到边界条件的影响，对计算模型进行了适当简化，建立计算模型，如图 5-13 所示。模型 4 个侧

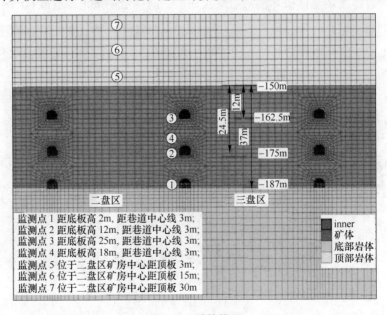

图 5-13　计算模型

面采用法向位移约束，底部采用固定位移约束，上表面边界施加上覆岩体自重荷载；应力场采用平均构造应力场和重力场叠加。岩体计算参数参见表5-3。

5.3.2.1 位移扰动分析

在采场开挖的过程中，围岩受到开挖过程的多次影响，因而在不同的阶段位移变形不同。数值计算时也同样遵循现场实际开挖顺序。选取矿房顶板为研究对象，分析开挖扰动对其稳定性的扰动影响。选取矿房中间顶板不同位置的3个监测点，得到其在开挖过程中的不同变化情况，监测点5位于距空区顶板3m处，监测点6位于距空区顶板15m处，监测点7位于距空区顶板30m处。图5-14为不同开采分段顶板监测点的位移值，对比图中竖向位移曲线可知，开挖初期监测点6和监测点7处的顶板竖向位移值小，说明对其的扰动较小，扰动范围还未达到监测点所在位置的围岩。当沿开采进行到第二阶段时，监测点6的位移变化趋势变陡，说明开挖扰动的影响程度增加。从监测点5曲线变化规律可以看出，顶板岩体的竖向移动与空区暴露面积相关，开采阶段增多，顶板最大竖向位移也相应增加，最大竖向位移达到50mm；邻近矿房的开采对顶板的竖向位移产生了影响，但位移曲线增加趋势变缓。

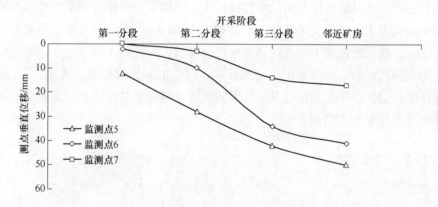

图5-14 不同开采分段顶板竖向位移

图5-15为矿房开采不同时期间柱上不同位置监测的水平位移曲线，从图中可知，间柱不同部位岩体的水平变形值不同，由于1号监测点处于间柱底部，其受开采影响最小，水平位移几乎未发生变化；2号和4号监测点位于间柱中部，受开采扰动影响大，特别是开采从第二阶段过渡到第三阶段时，中间部位水平变形量最大，最大值达67mm，平均位移增加值达45mm，从这两个点可以表明间柱中间部位围岩稳定性最差，易发生变形破坏。

5.3.2.2 应力扰动分析

开采扰动引起围岩应力变化是导致围岩及其巷道工程破坏的主要原因，不同

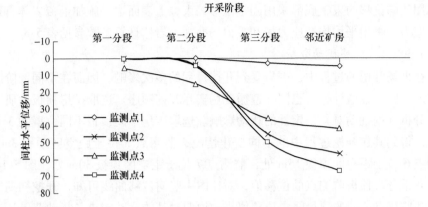

图 5-15 不同开采分段间柱水平位移曲线

程度的开挖引起的围岩扰动影响大小不一，因而不同位置的围岩稳定性也不相同。图 5-16 为采场不同开采阶段不同剖面方向上的主应力整体分布。由图 5-16 可知，不同开挖阶段围岩应力状态差异性大，矿房空区顶部矿体产生明显的半椭圆形卸压圈，且随着开挖距离的增加而扩大。当第一分段将近开采完时，开采扰动影响的范围主要集中在采场的上部，如图 5-16（a）所示。当第二分段开采完毕时，应力扰动范围增大，盘区联络巷也全部进入卸压区；而临近空区一侧的矿体应力也随之释放，随着开挖工作的推进，产生的卸压圈逐渐扩大到间柱全部，最终使临近空区一侧的间柱以及间柱内的盘区巷道处于卸压状态，说明该处矿体向空区发生变形和失稳的趋势较大。

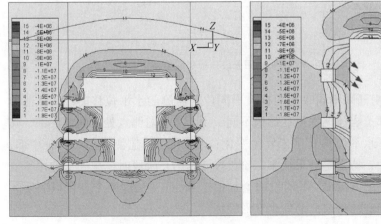

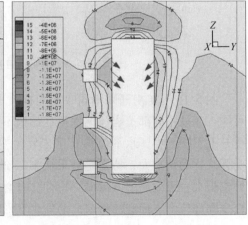

(a)

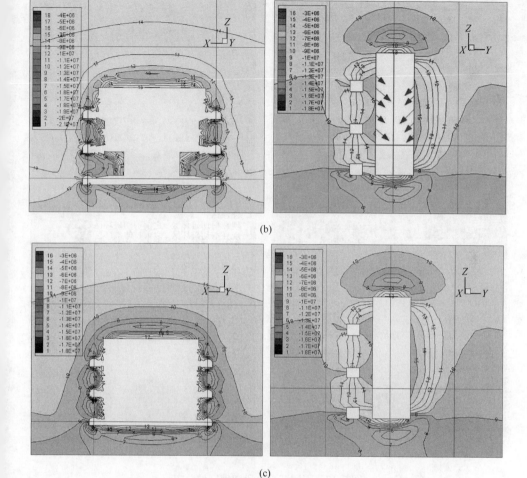

图 5-16　不同开采分段采场应力分布

（a）第一分段开采完；（b）第二分段开采完；（c）第三分段开采完

5.3.2.3　塑性区变化分析

图 5-17 为空区周围矿岩塑性区域分布状态。由图 5-17 可知，矿房顶板主要受拉伸、剪切破坏，上部矿岩受剪切破坏，随着开挖的进行，顶板围岩破坏区域明显增加。各分段临近空区一侧的矿岩破坏形式与顶板相似，也主要以拉伸、剪切破坏为主，破坏影响范围大约为 6m。开挖扰动破坏对间柱稳定性影响程度随着开挖步距的不同而不同，开挖工作进行到第 4 步时，间柱塑性变化区域基本未变，说明此时开挖扰动还未影响其稳定性；进行到第 5 步时，顶板破坏区域与间柱贯通；到第 6 步时，上、下分段的塑性区域相互贯通，导致间柱整体塑性区域增大；开采完毕时，间柱主要受拉-剪破坏。

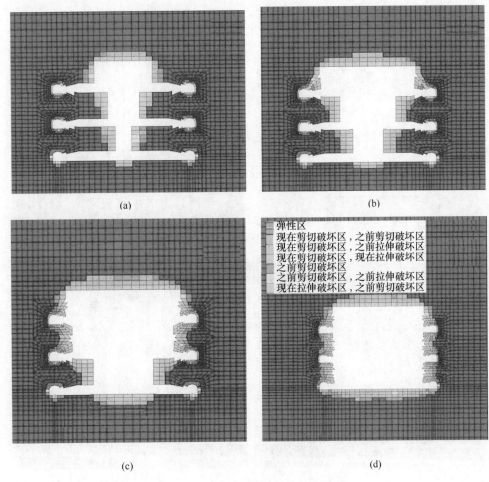

图 5-17　不同开采分段塑性区域分布
(a) 开采第2步；(b) 开采第4步；(c) 开采第6步；(d) 开采完毕

　　矿体被采出造成空区周边矿岩体应力重新分布，使周围岩体受力状态不同，产生的应力屈服条件也不相同，从塑性区域分布图来看，在各个开挖阶段，空区顶部矿体主要受拉-剪作用，间柱主要受剪切作用；在开挖的过程中临近空区一侧的矿体受拉伸作用明显；各分段盘区联络巷道周围塑性屈服区域随着开挖距离的邻近而增多，导致其稳定性变差，极易发生破坏。

　　从位移、应力和塑性区域变化情况来看，开采扰动对阶段嗣后充填采场稳定性的影响有时效性和阶段性，起初由于开采范围小，因而采场及周边岩体工程受影响程度小；当开采整体完成时，由于采场跨度大、高度陡，采场顶板和间柱稳定性变得更差。在实际生产过程中，应充分考虑开采扰动对周边工程带来的灾害，同时应加强对周边工程的适时监测并及时充填和支护补强，以防止矿体向空区发生塌陷；采场一旦进行了回采，应及时快速开采、快速出矿，并及时进行充填，以减少采场空区滞留的时间，提高采场周边工程的稳定性，确保下一步相邻矿房的回采工作的顺利进行。

5.4 充填采场致灾机理

5.4.1 数值分析模型建立

数值计算方法已成为岩石力学研究和工程计算的重要手段之一，其能有力地补充试验手段和现场监测的不足，主要包括有限元法、离散元法、DDA 法等，其中快速拉格朗日有限差分法（FLAC）不受监测点布置和测量精度的影响，最适合材料的弹塑性、大变形分析和施工过程的数值模拟。参照采场实际布置形式和尺寸，并考虑到边界条件的影响，对计算模型进行了适当简化，建立了计算模型，如图 5-18 所示，模型尺寸 300m × 300m，阶段高 37m，矿房与矿柱都为 12.5m。数值计算采用 Mohr-Coulomb 准则；根据和睦山地质资料，围岩主要以中闪长玢岩为主，矿体主要为磁铁矿，模拟岩性的物理力学参数见表 5-3。

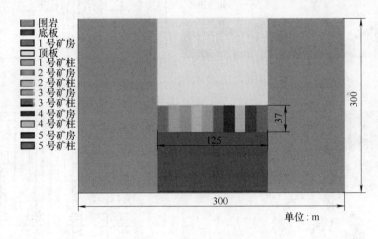

图 5-18　数值计算模型

5.4.2 数值分析过程描述

为了系统分析矿房开采对周边矿岩的影响，简略了矿体分段开挖过程，只研究了矿房一次性全部采完时引起的围岩和矿柱应力变化、位移变化以及塑性区域大小。同时为了分析相邻矿房开挖扰动对原先空区的影响程度，对比了在间隔不同个数矿柱回采顺序下采场围岩的应力、位移扰动程度。其中方案 I 回采顺序为 1 号矿房→2 号矿房→3 号矿房 →4 号矿房；方案 II 回采顺序为 1 号矿房→3 号矿房→5 号矿房，各矿房位置如图 5-18 所示。

5.4.3　数值结果分析

（1）矿房开采导致周边围岩应力平衡被打破，应力重新分布，从应力变化情况来看，竖直方向应力发生较大变化的部位在矿房底部两侧（对应现场 −187m 阶段），应力集中程度高，顶部两侧同样也出现小范围的应力集中，最大应力增幅达 3~4MPa；矿房顶部与底板则处于卸压状态，卸压范围类似拱形。矿柱围岩受剪切作用；顶部围岩移动量最大，矿柱中间部位围岩变形明显，且指向采空区，如图 5-19 所示。

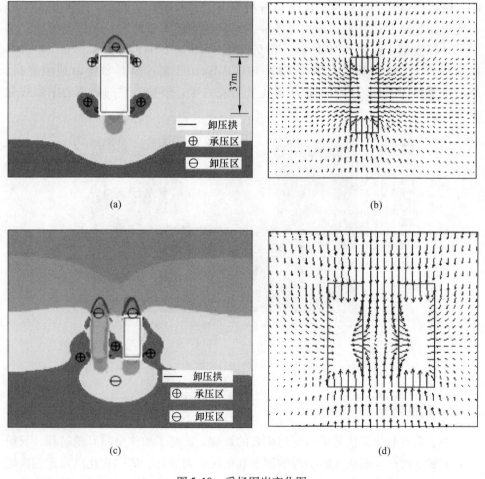

(a)　　　　　　　　　　　　　　　　(b)

(c)　　　　　　　　　　　　　　　　(d)

图 5-19　采场围岩变化图

（a），（c）应力变化区域；（b），（d）位移矢量

（2）二次开采扰动对原先未及时充填的空区稳定性影响较大。相邻矿房开

采使本矿房顶部围岩应力重新分布，产生卸压圈，卸压圈内岩体受拉应力作用；同时将应力传导至两矿房间的矿柱上，导致矿柱顶部形成承压区，且使矿柱发生剪切塑性屈服；矿柱不稳定反过来加剧原空区顶部位移量，于是产生矿柱、顶板破坏连锁反应。相邻矿房都开采完时应力与塑性区域分布如图5-20所示。

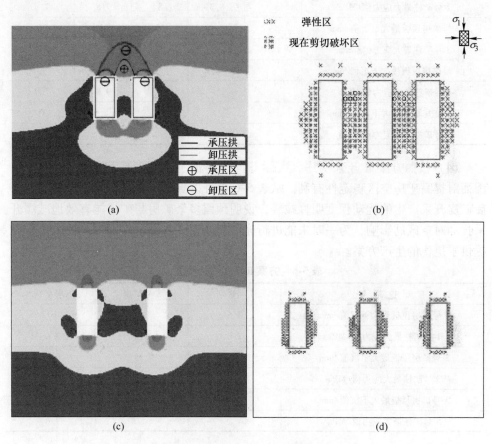

图 5-20　二次开采扰动图

(a)，(c) 应力变化区域；(b)，(d) 塑性区域

（3）不同开采顺序对空区和矿柱的稳定性影响程度不同。表5-5表示按方案I的开挖顺序，对已形成的矿房空区顶板最大下沉量和矿柱最大应力值的扰动变化。从表5-5中可以看出，后续矿房的开采对已采的矿房空区变形和矿柱应力都造成了不同程度的增加，1号矿房顶板最大下沉量由7.5mm增加到27mm，说明随着开采矿房数量的增多，空区顶板上部卸压扰动圈增大；相邻矿柱的应力增加了3.4MPa，表明各阶段矿柱发生的应力集中加大，按照普氏压力拱理论，矿柱承受的顶部卸压围岩的重量相应增加。

表 5-5　方案 I 产生的扰动值

开挖顺序	1 号矿房	2 号矿房	3 号矿房	4 号矿房	5 号矿房
1 号矿房顶板最大下沉值/mm	7.5	13.5	17	20	27
1 号矿柱最大应力值/MPa	7.6	8	8	8	8
2 号矿房顶板最大下沉值/mm		12.5	20	27	30
2 号矿柱最大应力值/MPa		8.3	8	7.8	7.9
3 号矿房顶板最大下沉值/mm			15	25	30
3 号矿柱最大应力值/MPa			9	7.9	7.9
4 号矿房顶板最大下沉值/mm				20	30
4 号矿柱最大应力值/MPa				9.8	7.9
5 号矿房顶板最大下沉值/mm					31
5 号矿柱最大应力值/MPa					11

（4）按照方案 II 开采顺序，实际等同于增加了相邻两矿房间矿柱的宽度，因而对提高矿房空区稳定性有利。从表 5-6 中可以看出，与方案 I 结果相比，前后矿房开采产生的扰动程度明显减轻，说明预留多个矿房与矿柱能有效地减缓开采扰动对空区的影响，为一时未能进行充填作业而又要满足矿山生产要求的矿山提供了更优的生产方案。

表 5-6　方案 II 产生的扰动值

开挖顺序	1 号矿房	3 号矿房	5 号矿房
1 号矿房顶板最大下沉值/mm	7.5	8.8	10
1 号矿柱最大应力值/MPa	7.6	8.2	8.6
3 号矿房顶板最大下沉值/mm		7.5	9
3 号矿柱最大应力值/MPa		7.8	8.4
5 号矿房顶板最大下沉值/mm			10.5
5 号矿柱最大应力值/MPa			7.8

5.5　充填采场失稳演化模式

从上述数值过程分析来看，矿柱和顶板稳定性是阶段嗣后充填法采场破坏的主导因素，它的失效不仅会导致矿柱顶部围岩局部破坏，甚至还可能产生矿柱破坏的连锁反应，因此，可将阶段嗣后充填采场破坏分为如下四个阶段：

（1）矿柱稳定阶段。矿房开采完后形成的空区未及时充填，空区顶部岩体将形成应力拱，应力拱内的矿岩受拉应力作用，同时将其自身岩体的自重转载至相邻矿柱上，导致矿柱顶部围岩应力集中，形成承压区。随着开采的进行，采场顶部围岩将形成多个卸压区和承压区组成的应力拱群。在采矿空区形成的初期，由于矿岩自身强度因素，顶部岩体应力拱的范围未扩大，各矿房间卸压区未叠加，采场处于稳定阶段，如图5-21（a）所示。

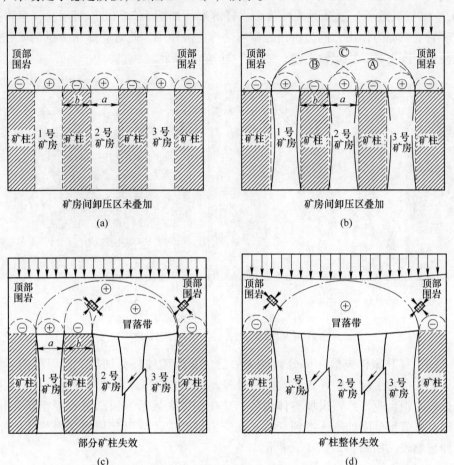

图 5-21　采场失稳演化模式

（a）矿柱稳定阶段；（b）矿柱大变形阶段；（c）部分矿柱失效；（d）矿柱整体失效
⊕—卸压区；⊖—承压区；Ⓐ—2号、3号矿房卸压叠加区；
Ⓑ—1号、2号矿房卸压叠加区；Ⓒ—整体卸压区；a，b—分别为矿房、矿柱宽度

（2）矿柱大变形阶段。依据普氏压力拱理论可知，应力拱的范围主要由矿岩的强度和矿房宽度决定。受自身条件、外部载荷以及支承时间等因素影响，矿柱的承载能力开始发生变化，稳定性变差，使空区顶部原应力拱的范围增加，继而加剧矿柱载荷量。随着空区顶部应力拱的范围扩散，相邻的应力拱两两相互叠加，产生"复合应力拱"。扩大的应力拱又反过来加剧矿柱应力集中程度，产生恶性循环，直到最终形成更高的应力平衡拱，如图5-21（b）所示。

（3）部分矿柱失效。由于顶部荷载的增加，矿柱起初由于泊松效应，产生

体积扩容，矿柱局部发生劈裂，致使相邻两边的矿房卸压区贯通，加大了应力拱的范围，最终使矿柱发生剪切滑移。矿柱产生声发射的位置、破坏特征见图 5-22（a）。矿柱失效后，顶部形成冒落带，冒落形状如图 5-22（b）所示。冒落带拱顶矿岩受拉应力作用，两边拱角处矿岩受压应力作用，此时支撑压力拱的矿柱受载荷集中度更高，稳定性更差，如图 5-21（c）所示。

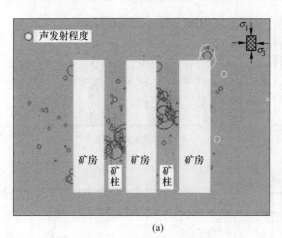
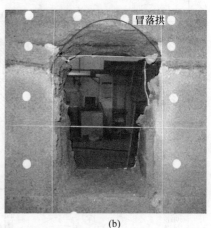

(a)　　　　　　　　　　　　　　　　　　　　(b)

图 5-22　矿柱、顶板失效破坏

（a）矿柱破裂声发射图；（b）顶部冒落拱

　　（4）矿柱整体失效。部分矿柱失效后，邻近矿柱载荷加剧，进而可能导致邻近矿柱也发生破裂，导致失效矿柱增多，同时加剧顶部岩体垮冒，最终出现矿柱失效连锁反应，致使采场整体失效。矿柱相继失效后，顶部冒落带相互合并，叠加后冒落带范围加剧，直到新的平衡应力拱形成，或引起顶部围岩整体破坏，延伸到地表，如图 5-21（d）所示。

5.6　充填采场稳定性计算方法

5.6.1　矿柱承载计算

　　矿房被开采完后，维持采场围岩稳定的承载体主要为矿柱，为了分析支承矿柱的稳固与否，首先需确定采场围岩转移到矿柱上的载荷量。针对如何正确计算矿柱所受载荷量，国内外学者提出了一些假设和理论，其中矿柱面积承载理论应用最广，该理论认为：矿柱所承受的载荷等于其所支撑的采空区范围内上覆岩柱的重量，矿柱支撑的面积为分摊的开采面积与矿柱自身面积总和。因此可计算得出矿柱的平均载荷量：

$$\sigma_v = \gamma H(1 + a/b) \tag{5-1}$$

式中　　σ_v——矿柱平均载荷量，MPa；

　　　γ——上覆岩容重，kN/m^3；

　　　H——开采深度，m；

　　　a——矿房宽度，m；

　　　b——矿柱宽度，m。

5.6.2　矿柱安全系数

　　建立单一矿柱微单元力学分析模型，如图 5-23 所示，首先假设矿柱将沿某一倾斜面发生剪切破坏，根据应力分布在滑动面的力或力矩平衡条件，在整个滑动区域上搜索确定最危险的滑动面和安全系数。矿柱沿某一平面发生剪切滑动的极限平衡条件为：

$$\tau = c + (\sigma_v + \sigma_z)\tan\theta \tag{5-2}$$

$$N = u(\sigma_v + \sigma_z)\cos\varphi \tag{5-3}$$

$$F = (\sigma_v + \sigma_z)\sin\varphi \tag{5-4}$$

$$\sigma_z = \gamma(h - z) \tag{5-5}$$

式中　τ——剪切力，N；

　　　c——内聚力，N；

　　　σ_z——垂直方向受力，MPa；

　　　θ——内摩擦角，（°）；

　　　N——沿滑面阻力，N；

　　　F——滑动力，N；

　　　φ——滑面角，$\varphi = 45° + \dfrac{\theta}{2}$；

　　　u——静摩擦系数，一般取 $u = 0.20 \sim 0.35$；

　　　h——矿柱高度，m；

　　　z——滑动面中心到矿柱底部高度，m。

　　将滑动面上的抗滑力与滑动力的比值定义为矿柱的安全系数，因而可得矿柱安全系数为：

$$F_s = \frac{\tau + N}{F} \tag{5-6}$$

　　通过上述分析可知，对于采用嗣后充填法开采的矿山，其地质条件与矿岩参数一定时，为了满足安全条件，任一阶段采用的矿房、矿柱极限尺寸是一定的。因此对于一些采用经验类比法得到的矿房、矿柱尺寸参数可用上述公式进行检验。

5.6.3　顶板安全厚度计算

　　对于一些崩落法转阶段嗣后充填法且上、下两阶段同时进行作业的矿山，顶

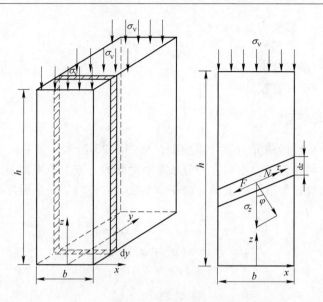

图 5-23　矿柱受力分析模型

板的稳定与否，严重影响上、下阶段作业人员、设备的安全；并且顶板一旦发生垮冒，很可能会导致崩落法松散覆盖岩层贯通而引起重大灾害事故，如冲击气压、井下泥石流等，因此上、下两阶段过渡层的厚度至关重要。对隔离层厚度计算的方法有多种，目前主要采用如下几种。

（1）普氏拱理论计算。普氏拱理论认为，矿房开采完后形成的空区，其顶部围岩将形成自然拱、压力拱和破裂拱。嗣后采场由于自身的稳定性发生变形破裂，其空区破裂拱拱高可用下式表示：

$$h_{p} = \frac{\dfrac{a}{2} + h\tan\left(45° - \dfrac{\theta}{2}\right)}{f} \tag{5-7}$$

式中　h_{p} ——破裂拱高度，m；

a ——矿房宽度，m；

h ——矿柱高度，m；

θ ——矿岩内摩擦角，(°)；

f ——矿岩坚固性系数。

（2）厚跨比法。厚跨比法认为当采空区顶板为完整顶板时，其顶板的厚度 T 与其宽度 W 之比满足条件 $\dfrac{T}{\gamma W} \geqslant 0.5$ 时（其中 γ 一般取 1.2），则认为顶板是安全的。

（3）结构力学梁理论。按照结构力学理论进行计算，即假定采空区顶板岩体是一个两端固定的平板结构，上部岩体自重及其附加载荷作为上覆岩层载荷，按照梁受弯矩考虑，以岩层的抗弯抗拉强度作为标准，根据材料力学与结构力学梁理论，推导出矿房空区顶板安全厚度：

$$s = 0.25a \frac{\gamma a + \sqrt{(\gamma a)^2 + 8bk\sigma_t}}{\sigma_t \delta} \tag{5-8}$$

式中 s——矿房空区顶板安全厚度，m；

a——矿房宽度，m；

γ——顶部矿岩容重，kN/m^3；

σ_t——顶部岩体拉应力，kPa；

δ——顶板单位计算宽度，m；

k——附加荷载，kPa。

5.7 充填采场破坏准则

以和睦山铁矿后观音山嗣后充填采场为工程背景，采用建立的极限平衡公式、普氏拱理论和厚跨比法，分析各因素对矿柱与顶板围岩综合稳定性的影响规律。后观音山矿段 −150m 以上采用崩落法开采，下部采用阶段盘区嗣后充填法开采，崩落法与充填法间预留了 12.5m 的隔离矿柱，矿房、矿柱宽都为 12.5m，矿块长度为 50m，矿段划分为 −162.5m、−175m、−187m 三个分段，阶段高度 37m。矿体赋存于闪长岩与周冲村组地层接触带和靠近接触带的灰岩中，通过现场调查发现，矿段节理裂隙发育程度高，属构造型节理；矿石以磁铁矿为主，矿体粉化、泥化严重，并存在较强的高岭土化；部分采场存在粉矿带与块矿夹杂带，稳定性极差；开采过程中曾出现 19 号矿房顶板发生自然跨冒，高度延伸到 −150m 阶段，导致部分巷道垮塌到采空区，如图 5-24 所示。

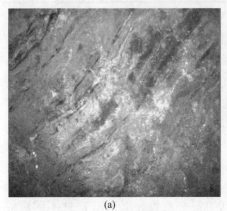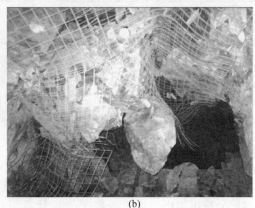

(a)   (b)

图 5-24 和睦山铁矿地质构造与巷道破坏实景
（a）地质构造痕迹；（b）巷道破坏实景

5.7.1 顶板安全厚度影响因素分析

将表 5-3 中相关的参数代入上述各种计算公式中，得到了各种方法计算的顶板临界高度和矿柱安全系数，见表 5-7。从表 5-7 中可以看出，无论采用何种计算方法，矿柱越宽，顶板临界高度越低；厚跨比法得到的顶板临界高度受矿房宽度变化影响大；与和睦山铁矿 12.5m 的隔离层相比，其采场顶板稳定性相对来说比较稳定。内摩擦角和坚固性系数一定时，破裂拱的高度与矿柱高度、矿房宽度间三维关系如图 5-25 (a) 所示，由图可知，矿柱高度对破裂拱高的影响更大，对于矿岩相对稳定的地带，可以确定顶板是安全的。图 5-25 (b) 则反映了在矿房与矿柱宽度都为 12.5m 的条件下，破裂拱的高度与矿岩坚固性系数、内摩擦角之间关系。从图 5-25 (b) 中可以看出，矿岩的坚固性系数小于 4 且内摩擦角小于 30° 时，顶板破坏拱的高度将超过 10m，即反映矿岩强度较小时，采场稳定性较差；矿岩坚固系数对顶板稳定性最为关键；同时可以解释 19 号矿房的采场顶部垮冒范围能波及 -150m 阶段内巷道的原因，主要为该采场矿石主要为粉矿，稳定性极差。借助结构梁理论得到的顶板临界高度与采场矿岩强度参数、矿房尺寸之间关系如图 5-26 所示。从图 5-26 中可以看出，顶板临界高度受矿岩屈服拉伸强度的影响程度更大。

表 5-7　不同尺寸采场稳定性

序　号	矿房宽度/m	矿柱宽度/m	顶板临界安全厚度/m			矿柱安全系数
			(1)	(2)	(3)	
1	10	15	4.04	6	0.83	1.40
2	15	10	4.46	9	1.83	1.28
3	12.5	12.5	4.25	7.5	1.28	1.34

注：(1) 表示采用普氏拱理论；(2) 表示采用厚跨比法；(3) 表示采用结构力学梁理论。

从上述公式和图表对比可知，影响顶部围岩破碎拱的高度因素主要有矿房的宽度、矿柱高宽及顶部围岩的强度等，其中关键因素为顶部围岩的坚固性系数；厚跨比法侧重于矿房宽度；结构力学梁理论则主要着重依靠顶部围岩的受拉强度；普氏拱理论综合考虑了矿房宽度、矿柱高度、矿岩坚固系数以及内摩擦角，因而更适宜分析嗣后采场稳定性。

5.7.2　矿柱安全系数分析

和睦山铁矿现采用的矿房、矿柱尺寸都为 12.5m，从表 5-7 中矿柱安全系数对比分析可得出，通过极限平衡法计算得到的安全系数为 1.34。矿柱不同房柱比，其安全系数与矿岩内聚力和内摩擦角之间关系如图 5-27 所示。从图 5-27 中可以看出，其他条件相同情况下，房柱比越小，安全系数越高；矿岩内聚力变化对矿柱的安全系数影响最为显著；当矿岩的强度参数（内摩擦角和内聚力）满足 $\theta \leqslant 20°$ 且 $c \leqslant 2MPa$ 时，矿柱的安全系数都小于 1；同时也表明在类似矿岩条件下，采场安全性低，不适宜采用阶段嗣后充填法。

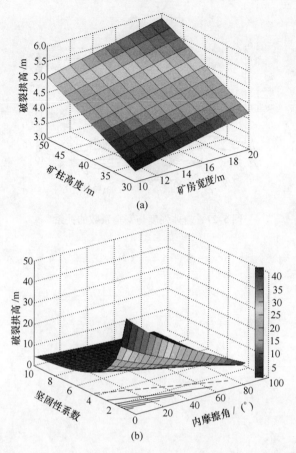

(a)

(b)

图 5-25 基于普氏拱理论的破裂拱高度与矿房宽度、矿柱高度、
坚固性系数及内摩擦角的关系

（a）采场尺寸对破裂拱高的影响；（b）矿岩强度对破裂拱高的影响

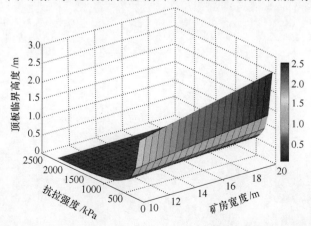

图 5-26 基于梁理论的顶板临界高度与采场矿岩强度参数、矿房尺寸的关系

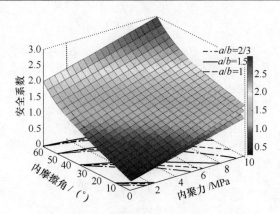

图 5-27　岩体强度与安全系数的关系

6 高浓度胶结充填体与围岩作用机理

矿山充填法是保护土地资源、生态环境，实现矿山无废开采和消除重大安全隐患的理想途径，随着大面积开采技术创新突破及国外大型高效先进无轨设备的引进，国内一批特大型、大型千万吨级矿山已采用或考虑采用充填法开采，且矿床的开采深度也越来越深；与浅地表、小规模矿床开采相比，充填体与围岩作用机理和充填体强度值大小选取差异较大。

针对充填体与围岩作用机理，国内外学者已做过一些研究，如 Brandy、Brown 以及于学馥教授得出了充填体对围岩的几种可能支撑模式；Blight 和 Clarke 认为充填料能抵抗采场围岩变形，且能提高围岩的残余强度；山口梅太郎等人的钢筒实验模型和 Moreno 等人的分裂式加载模板物理模型，认为充填体充当自立性的人工矿柱，对采场围岩的支持作用居次要地位；蔡嗣经教授提出用采场围岩的力学响应特性来研究矿山充填机理，采场围岩的力学响应特性可用围岩中的应变能以及围岩的位移量表示；充填体损伤模型和知识库模型也应用到了确定充填体强度之中。上述结论与方法从一定程度上推进了人们对充填体与围岩作用机理的认识，充填体支护作用可认为是被动支护，能起到限制围岩变形的作用，可笼统地认为充填体充填空区的作用只要满足自身稳定条件即可，但却忽略了对采场围岩扰动应力分布及破坏规律的考虑。矿床开采与充填是个动态过程，属于开放系统非线性问题，如开采扰动较小的硬岩矿体，其围岩吸收变形能的能力足以保持开采空区的稳定性；而在开采扰动较大的深部大型或特大型复杂矿体开采中，采场围岩扰动应力分布及破坏规律与前者不同，因而充填体的三向受力状态与前者也不相同，所以充填体的作用与强度设计要求也应与前者不同。随着矿体深度加深，开采强度加大，采场空区的围岩不能满足自稳要求，因而要从采场空区围岩自身应力变化特点、开采过程中应力扰动程度和开采强度等多方面，以及非线性、动态过程等基本问题出发，讨论并研究充填体与围岩作用关系及其强度匹配设计。

充填体与围岩作用关系不仅与采场开采强度、开采深度等因素相关，同时还与充填体配比和充填质量相关。充填体的配比和强度是节约充填成本和保障采场安全作业的重点因素之一，特别是一些对充填体早期强度要求较高的充填采矿方法。在确定采场充填体强度方面，国外的充填强度值为 1~2MPa，而国内的有色冶金类矿山作业规范里明确规定，下向充填法的充填体强度必须达到 5.0MPa 以上；对于其他的各种充填采矿方法的充填体强度值的选定，设计院及相关科研单位通常依据经验推荐充填体强度为 4~5MPa（金川镍矿选用 4.5MPa），因而致使国内充填体的强度通常比国外选取的强度值高，直接导致国内矿山充填成本高，且遗憾的是目前还没有统一的选取原则。鉴于此，本章从矿床开采扰动引起的围岩应力分布及破坏规律、开采强度、开采深度及充填质量等多方面，对充填体与围岩作用特性及其强度匹配进行研究，探讨充填体与围岩作用时的应力-应变响应特征，并在此基础上，考虑影响采场充填体稳定性的众多因素，提出不同采矿强度、开采深度条件下的充填体强度确定原则，旨在为矿山设计提供合理指导和依据。

6.1　胶结充填体三轴压缩能量耗散分析

6.1.1　实验方法

6.1.1.1　实验设备与试件制作

试验在北京科技大学教育部重点实验室的 TSZ30-2.0 应变控制型土工三轴试验机上进行，由计算机自动控制全部试验过程，并保存相关的试验数据。试验中所用充填体的原料为某矿全尾砂和 32.5 号水泥，根据矿山采场实际要求，按照灰砂配比 1:6、1:8 和料浆质量浓度 65%、70% 的组合制作充填体试件，而后将试件放入养护箱进行养护（养护龄期为 28d），试件为直径 40mm、高度 85mm 的圆柱体（高径比大于 2:1）。

试验采用轴向位移控制，加载应变率为 $1 \times 10^{-4} s^{-1}$，属静态加载。三轴压缩试验首先按静水压力条件施加围压至预定值，预定值分别为 0MPa、0.4MPa、0.6MPa、0.8MPa、1.0MPa，此时试件处于静水压力状态。最后以恒定的位移速率沿轴向施加荷载，直至充填体试样破坏（失去承载能力）。在轴向加载的过程中，系统会自动记录施加的荷载值及轴向、环向变形量，同时记录对应条件下的轴向和侧向变形，实验结果见表 6-1。

表 6-1　不同条件胶结充填体试件三轴压缩试验结果

试样			围压 σ_3/MPa	试样尺寸/mm		最大轴应力 σ_1/MPa	主应力差 $(\sigma_1 - \sigma_3)$/MPa	峰值应变/%	残余强度/MPa	屈服应力/MPa	屈服应变/%	峰-残强度差/MPa
编号	灰砂比	浓度/%		直径	高度							
SJ1-0	1:8	65	0.0	39.5	87.2	3.63	3.63	0.149	0.52	2.96	0.083	3.11
SJ1-1	1:8	65	0.4	38.5	85.5	5.01	4.61	0.706	4.20	4.297	0.538	0.81
SJ1-2	1:8	65	0.6	40.7	84.9	5.56	4.96	1.058	5.12	4.613	0.613	0.44
SJ1-3	1:8	65	0.8	39.8	84.9	6.23	5.43	1.208	5.38	4.915	0.557	0.85
SJ1-4	1:8	65	1.0	39.8	87.1	7.08	6.08	1.687	6.86	5.37	0.646	0.22
SJ2-0	1:6	70		38.5	87.4	5.05	5.05	0.137	0.68	4.195	0.557	4.37

试　样			围压	试样尺寸/mm		最大轴向应力	主应力差	峰值应变	残余强度	屈服应力	屈服应变	峰-残强度差
编号	灰砂比	浓度/%	σ_3/MPa	直径	高度	σ_1/MPa	$(\sigma_1-\sigma_3)$/MPa	/%	/MPa	/MPa	/%	/MPa
SJ2-1	1:6	70	0.4	40.7	81.6	5.26	4.86	1.287	4.83	5.078	0.408	0.43
SJ2-2	1:6	70	0.6	39.7	86.2	6.18	5.58	2.025	5.56	5.772	0.474	0.62
SJ2-3	1:6	70	0.8	40.7	83.9	7.47	6.67	2.538	6.87	5.956	0.500	0.60
SJ2-4	1:6	70	1.0	40.6	79.5	8.76	7.76	3.165	8.57	6.237	0.558	0.19
SJ3-0	1:6	65	0	38.6	85.6	1.41	1.41	0.152	0.17	0.915	0.037	1.24
SJ3-1	1:6	65	0.4	37.7	87.1	5.21	4.81	1.035	4.42	3.680	0.280	0.79
SJ3-2	1:6	65	0.6	38.2	83.2	5.94	5.34	1.584	5.36	4.190	0.306	0.58
SJ3-3	1:6	65	0.8	38.5	84.8	6.92	6.12	2.615	5.68	4.330	0.350	1.24
SJ3-4	1:6	65	1.0	38.2	85.6	8.21	7.21	2.787	8.13	4.670	0.430	0.08

6.1.1.2　能量耗散原理

充填体的屈服破坏与损伤实质上都是能量耗散的过程，处于三轴压缩状态下的充填体能量耗散主要来自两方面，即轴向荷载对充填体做功 W_1 及侧向围压对充填体做功 W_2。各部分能量的计算公式如下：

$$W_1 = \int F_1 \mathrm{d}u_1 = AL\int \sigma_1 \mathrm{d}\varepsilon_1 \qquad (6\text{-}1)$$

$$W_2 = \int F_3 \mathrm{d}u_3 = 2AL\int \sigma_3 \mathrm{d}\varepsilon_3 \qquad (6\text{-}2)$$

$$W = W_1 + W_2 = AL\int \sigma_1 \mathrm{d}\varepsilon_1 + 2AL\int \sigma_3 \mathrm{d}\varepsilon_3 \qquad (6\text{-}3)$$

式中　F_1，F_3——分别为轴向荷载与侧向荷载；

　　　u_1，u_3——分别为轴向和侧向位移；

　　　A，L——分别为试件的横截面积与轴向长度；

　　　σ_1，σ_3——分别为轴向应力与围压；

　　　ε_1，ε_3——分别为对应的轴向应变与侧向应变。

由泊松比效应可知：

$$\nu = \frac{\varepsilon_3}{\varepsilon_1} \qquad (6\text{-}4)$$

式中　ν——充填体的泊松比。

因此，由式（6-3）和式（6-4）可以得到围压下充填体实际耗散的总能量为：

$$W = AL\left[\int (\sigma_1 - 2\nu\sigma_3)\mathrm{d}\varepsilon_1\right] \qquad (6\text{-}5)$$

6.1.2　变形破坏特征分析

6.1.2.1　变形特征分析

相同灰砂比、不同浓度下的胶结充填体在不同围压状态下三轴压缩的全过程应力-应变曲线如图 6-1 所示，曲线周围数字表示施加充填体试件的围压值。由图 6-1 可以看出，在初始阶段，充填体试件的应力-应变曲线斜率随着围压的增加而变陡，充填体的屈服应力和峰值强度均逐渐增大，且其弹性模量也随着围压的加大而增大，这主要是由于充填体介质在固结过程中内部存在较多的孔隙、空隙等不均匀海绵状结构，如图 6-2 所示。在三轴压缩条件下，充填体内部细小的

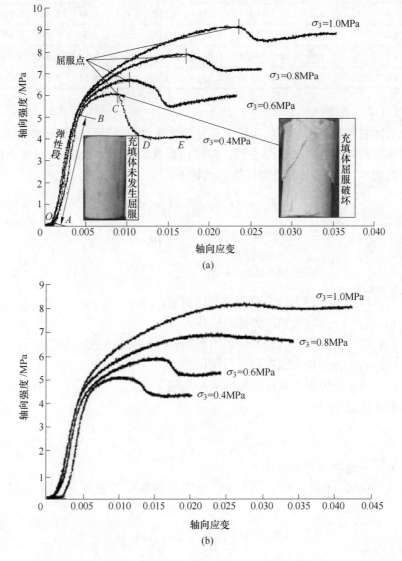

（a）

（b）

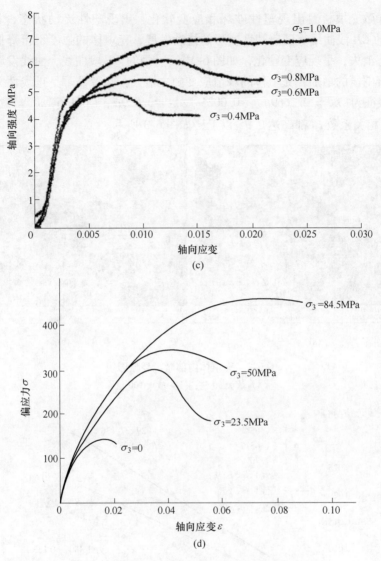

图 6-1　充填体和岩石的三轴压缩应力-应变曲线

（a）SJ2；（b）SJ1；（c）SJ3；（d）大理岩应力-应变曲线

尾砂颗粒位置发生变化，填补至相邻周边较大的空隙、孔洞内，细小的微裂隙也被压密闭合并增大了密实程度，充填体在较小的压力下表现出较大的变形，变形特征处于压密阶段，从而能使线弹性阶段（如图 6-1（a）中的 AB 段曲线）延续到较高的水平，最终提高充填体抵抗破坏的能力。内部的微孔、孔隙被压实闭合后，随着围压的加大，充填体内部新的微裂隙、裂纹开始产生、发育、累积，充填体内部结构开始屈服弱化，产生塑性变形，如图 6-1（a）中的 BC 段曲线。当外部荷载超过充填体承载极限（峰值强度）后，先前产生的微裂纹等弱面逐渐贯通，导致充填材料出现塑性破坏和应变软化，出现塑性流动状态，如图 6-1（a）中的 CD 段曲线。随着塑性变形的持续发展，充填体的强度不再降低，应变软化状态消失，呈现应变硬化，如图 6-1（a）中的 DE 段曲线，曲线发展趋势上扬。随着围压的增加，充填体的峰值应变随之增大，两者显著呈正线性关系，且分别可表征为：$\varepsilon_0 = 2.2669\sigma_3 + 0.0025$，$\varepsilon_0' = 3.029\sigma_3' + 0.136$，$\varepsilon_0'' = 1.480\sigma_3'' + 0.133$，相关系数 R^2 都高达 0.95 以上，如图 6-3 所示。

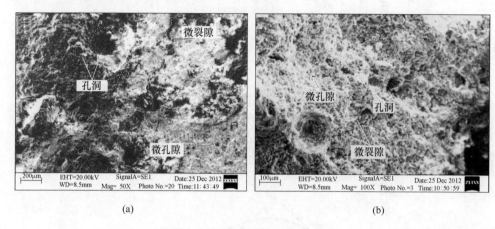

(a)　　　　　　　　　　　　　　　　(b)

图 6-2　充填体内部微观裂隙形貌

（a）放大 50 倍；（b）放大 100 倍

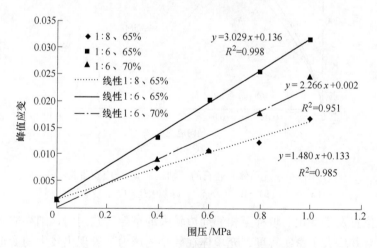

图 6-3　峰值应变和围压的关系

通过对充填体试件的应力与应变的关系曲线分析可以得出，随着围压的增大，不同试件的峰值应变逐渐增大。变形特征在低围压（0MPa、0.4MPa）下，充填体主要呈现脆性破坏，表现为应变软化特征；在高围压（0.6MPa、0.8MPa、1.0MPa）下则呈延性状态，表现为应变硬化特征。相关资料表明，岩石由脆性向延性转化必然存在一个临界转化围压值，为了分析充填体的脆-延性特征，通过对不同配比的充填体峰值强度与残余强度之差和围压进行回归分析，如图6-4所示。从图6-4中可得出，充填体峰值强度与残余强度之差和围压呈指数相关，不同配比、浓度的充填体从脆性向延性转化的临界围压值不同，灰砂比1:8和1:6、浓度65%的充填体临界围压值分别为0.98MPa和0.94MPa，说明灰砂比越大，临界围压值越高，但由于两者的灰砂比相差较小，其临界围压值大小相当；灰砂比1:6、浓度70%的充填体临界围压值为1.39MPa，比灰砂比为1:6、浓度65%的充填体的临界围压值大，说明充填体的变形破坏除了与其内部结构相关外，还与其所处的围岩应力状态密切相关；相同配比的充填体，浓度越大，充填体发生脆-延性转化的临界围压值越大。

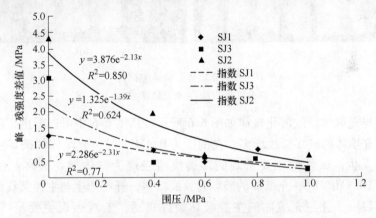

图6-4 峰-残强度差值和围压的关系

与典型的大理岩三轴压缩应力-应变曲线相比，充填体的应力-应变曲线特性与岩石应力-应变曲线变化规律近似相同，基本可划分为线弹性阶段（图6-1(a)中 AB 段）、破坏阶段（图6-1(a)中 BC 段）、应变软化阶段（图6-1(a)中 CD 段）以及塑性阶段（图6-1(a)中 DE 段）。但充填体的应力-应变曲线在初始阶段和产生屈服后的塑性阶段，其发展趋势存在较大差别，这是由于胶结充填体是尾砂基质、胶凝材料及水按一定比例制成，是一种人工复合多孔材料，在固结过程中内部存在较多的孔隙、空隙等不均匀海绵状结构，导致在加载初始阶段，其应力-应变曲线出现一段平直的曲线，如图6-1(a)中 OA 段。在围压为0.4MPa、0.6MPa时，充填体的应力-应变残余强度曲线表现呈明显上扬趋势，表明充填体发生屈服破坏后，其残余强度仍可抵抗较大的载荷。充填体发生屈服破坏后，残余强度通常受破坏面的粗糙度决定，从后续小节中充填体的主控破坏的模式可以得到论证。

6.1.2.2 破坏模式特征分析

通过上述变形分析可知充填体的应力-应变曲线与围压息息相关，围压的大小也决定了充填体的破坏形态与机制。不同配比、浓度的充填体试件三轴加载破坏情况如图 6-5 所示。由图 6-5 可知，充填体的破坏裂纹形式多种多样，差异显著，但大部分以剪切破坏为主；破坏裂纹发展形状大致可以分为单一、平行、交叉（X 状、Y 状）和复合 4 种类型。

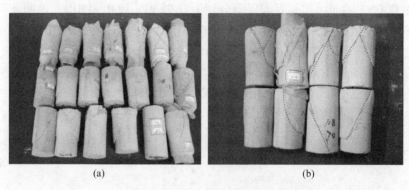

(a)　　　　　　　　　　　　　　(b)

图 6-5　充填体三轴压缩试件

（a）部分原件；（b）主要破坏裂纹类型试件

围压与充填体裂纹演化规律如图 6-6 所示。从图 6-6 中可以看出，随着围压的升高，充填体的破坏裂纹增多，在围压为 0.4MPa 时，充填体的破坏主要沿某一主裂纹发生，试件的主要宏观破坏裂纹面表现为整体剪切破坏；在围压为 0.6MPa 和 0.8MPa 时，充填体的破坏裂纹面增多，开始产生与主控裂纹面近似垂直的反翼裂纹，且与充填体的主控破坏裂纹贯通，宏观表现主要呈 "X" 状、"Y" 状剪切破坏模式，主控裂纹张开度下降；当充填体围压达到 1.0MPa 时，主裂纹数目急剧增多，裂纹面的倾角增大，主控裂纹面附近产生较多与主控裂纹面相平行的次生裂纹，部分次生裂纹相互贯通，试件的破坏则从一个端面贯穿至另一端面，方向与最大主应力方向一致。

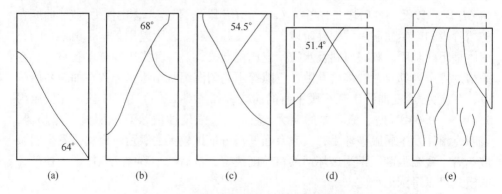

(a)　　　　(b)　　　　(c)　　　　(d)　　　　(e)

图 6-6　充填体的裂纹发展与围压的关系

（a）围压 0.4MPa；（b），（c）围压 0.6MPa；（d）围压 0.8MPa；（e）围压 1.0MPa

充填体的三轴压缩试验 4 种典型的宏观破裂面的类型如图 6-7 所示。由图 6-7 可见，充填体的主要破坏面的类型可分为 4 种：直线式光滑摩擦面、圆弧式破碎摩擦面、直线式破碎摩擦面以及台阶式破碎摩擦面。充填体的峰后强度与充填体的破坏模式及其破坏面的粗糙程度密切相关，破裂面的粗糙度直接决定充填体的峰后应力-应变曲线形态，即图 6-1 (a) 中 *DE* 段曲线走势；破坏面的粗糙度越高，峰后强度越大，峰后曲线呈上扬趋势。

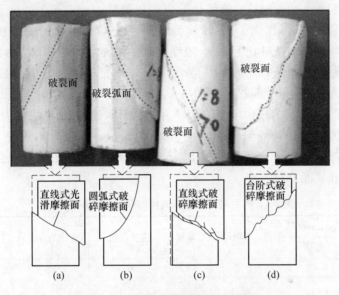

图 6-7　充填体三轴压缩破裂面类型

(a)，(c) 直线破坏面；(b) 圆弧式破坏面；(d) 台阶式破坏面

综合分析不同充填体试件的破坏特征，进一步表明：充填体试件的宏观破坏主要以剪切破坏为主，在低围压下呈单一纯剪切破坏，随着围压的增大，宏观破坏多呈 "X" 状、"Y" 状剪切破坏；随着围压的增大，与主裂纹近似垂直的反翼裂纹开始出现、扩展、贯通，且数量增多，引起充填体向侧向或接触区域滑移；三轴压缩条件下，反翼裂纹很难扩展至充填体的端面，主要与主裂纹贯通，破坏裂纹的倾角随着围压的增大而加大；主控破坏面的类型是充填体试件峰后应力-应变曲线发展的主要影响因素。

6.1.2.3　强度特征

为了分析充填体的强度特征，引入 2 个比例常数：

$$\omega_1 = \sigma_s / \sigma_c \tag{6-6}$$

$$\omega_2 = \varepsilon_s / \varepsilon_c \tag{6-7}$$

式中　　σ_c——峰值强度；

ε_c——极限应变；

σ_s——屈服应力；

ε_s——屈服应变；

ω_1，ω_2——分别为应力、应变比例常数。

基于表 6-1 的试验结果，按式（6-6）和式（6-7）求得不同灰砂配比、浓度条件的胶结充填体在不同围压下的比例常数 ω_1、ω_2 列于表 6-2。由表 6-2 发现，应力比值 ω_1 随围压增加并未发生明显变化，而应变比值 ω_2 随着围压的增加相对变小；灰砂配比、浓度越高，充填体的应变比值越大。表 6-2 列出了 ω_1、ω_2 的平均值 $\overline{\omega}_1$、$\overline{\omega}_2$，灰砂比为 1:6、浓度为 65% 的充填体的平均应力比值 $\overline{\omega}_1$ 约为 0.81，$\overline{\omega}_2$ 约为 0.55；灰砂比为 1:6、浓度为 70% 的充填体的平均应力比值 $\overline{\omega}_1$ 约为 0.85，$\overline{\omega}_2$ 约为 0.25；灰砂比为 1:8、浓度为 65% 的充填体的平均应力比值 $\overline{\omega}_1$ 约为 0.65，$\overline{\omega}_2$ 约为 0.20。说明灰砂比为 1:6、浓度为 65% 的充填体的屈服应力点大致为峰值强度的 81%，为极限应变的 55% 左右；灰砂比为 1:6、浓度为 70% 的充填体的屈服应力点大致为峰值强度的 85%，为极限应变的 25% 左右。综上可知，灰砂比相同，浓度越高，充填体的屈服应变量占极限应变量的比例越小，发生屈服后的抗压强度能力越大。

表 6-2　不同胶结充填体试件的变形参数试验结果

| 试样编号 | | | 围压 s_3/MPa | 应力常数 ω_1 | 应变常数 ω_2 | 平均应力常数 $\overline{\omega}_1$ | 平均应变常数 $\overline{\omega}_2$ |
编号	灰砂比	浓度/%					
SJ1-0			0	0.82	0.56		
SJ1-1			0.4	0.86	0.76		
SJ1-2	1:6	65	0.6	0.83	0.58	0.81	0.55
SJ1-3			0.8	0.79	0.46		
SJ1-4			1.0	0.76	0.38		
SJ2-0			0	0.83	0.31		
SJ2-1			0.4	0.97	0.32		
SJ2-2	1:6	70	0.6	0.93	0.23	0.85	0.25
SJ2-3			0.8	0.80	0.19		
SJ2-4			1.0	0.71	0.18		
SJ3-0			0	0.65	0.24		
SJ3-1			0.4	0.71	0.27		
SJ3-2	1:8	65	0.6	0.70	0.19	0.65	0.20
SJ3-3			0.8	0.63	0.13		
SJ3-4			1.0	0.57	0.15		

从表 6-1 还可以明显得出，不同灰砂比条件下的充填体试样的轴向极限抗压强度都随着围岩的加大而提高。当灰砂比为 1:8，且围压为 1.0MPa、0.8MPa、

0.6MPa、0.4MPa 时，充填体的峰值应力分别可达 7.08MPa、6.23MPa、5.56MPa、5.01MPa，是充填体单轴抗压强度的 5.02 倍、4.42 倍、3.94 倍、3.55 倍，说明在无围压或低围压（s_3 = 0MPa 或 0.4MPa）时，充填体的轴向极限承载能力较低，随着围压的加大，充填体的屈服应力和峰值强度均相应提高，从另一个角度说明，充填体三向受力提高了自身抵抗破坏的能力。

　　内聚力和内摩擦角是体现岩石强度的重要指标，假设此时 Mohr-Coulomb 屈服准则对于充填体的破坏依然成立，即可用内聚力和内摩擦角来解释充填体的强度特性，则对不同条件充填体的最大主应力 σ_1 与围压应力 σ_3 的拟合曲线分别为 $\sigma_1' = 4.058\sigma_3' + 4.749$，$\sigma_1'' = 5.101\sigma_3'' + 3.403$，$\sigma_1''' = 5.475\sigma_3''' + 1.991$，拟合相关系数 R^2 都在 0.93 以上，表明线性拟合与数据吻合较好，说明充填体能够承载的最大轴向应力与围压成线性相关，如图 6-7 所示。由此可得到不同条件下充填体的强度参数分别对应为：φ' = 37.2°、c' = 0.75MPa；φ'' = 42.2°、c'' = 0.71MPa、φ''' = 43.7°、c''' = 0.44MPa。由此可知，灰砂比相同时，浓度越高，充填体的内摩擦角越小，内聚力越大；浓度相同时，灰砂比越大，充填体的内摩擦角越大，内聚力越小。

6.1.3　能耗特征分析

6.1.3.1　能耗特征

　　从能量角度分析，充填体的受力变形破坏实质是能量耗散与能量释放的综合过程。当对充填体施加外载荷时，输入的能量大部分被充填体吸收，在初始阶段，绝大部分能量用于充填体介质颗粒间孔隙、孔洞的压密与颗粒骨架的弹性变形。随着外部载荷能量的进一步输入，当输入能量大于充填体弹性变形所能承受的极限后，此时多余能量主要用于充填体内部微裂隙的发育、演化、滑移和强度性质劣化，直接导致充填体强度降低，该过程在应力-应变曲线中表现为屈服变形阶段（如图 6-1（a）中 CD 段曲线）。当继续对充填体施加外力，充填体损伤不断加剧，其承载能力进一步下降，当输入的总能量超过充填体破坏时所需要的耗散能量时，内部裂隙发育，相互间发生贯通并形成宏观缝隙，此时会发生能量释放，直接导致充填体破坏。

　　图 6-1（a）表示灰砂比 1:6、质量浓度 70% 的充填体在不同围压下的应力-应变曲线。从图 6-1（a）中可以明显得出，随着围压的增大，充填体的线弹性变形阶段能持续维持到更高的水平，其发生屈服变形后的承载能力和变形量也越大，因而充填体具有更大的抵抗破坏的能力。当围压分别为 0.4MPa、0.6MPa、0.8MPa、1.0MPa 时，充填体的峰值应力分别达到 5.26MPa、6.18MPa、7.47MPa、8.76MPa，说明在低围压（s_3 = 0.4MPa）时，充填体的轴向极限承载能力较低，随着围压的加大，充填体的屈服应力和峰值强度均相应提高。从能量

角度说明：对充填体施加的初始围压即外部输入的能量增大，该部分能量主要用于充填体内部孔隙、微裂隙等缺陷的闭合并使其密度增大，使线弹性变形阶段能延续到较高的水平，从而提高充填体抵抗破坏的承载能力；随着施加的围压加大，充填体发生屈服变形，充填体屈服变形阶段发生侧向位移且向侧向做功，围压越大，充填体发生相同的侧向位移的做功量越多。围压对充填体的变形破坏起了很好的侧向约束作用，限制了充填体内部裂隙发育和扩展，从而增加了其抵抗外载荷破坏的极限能力。

6.1.3.2　总能耗变化的数值分析

通过上述的能量耗散计算公式，对不同条件下的充填体三轴压缩破坏过程不同阶段进行能量变化值计算，可以得出不同配比、质量浓度下的充填体三轴压缩能量分布，见表6-3。由表6-3可知，当灰砂比1∶8、质量浓度65%的充填体在初始围压为0.4MPa时，破坏所需的单位体积变形能为0.114J/cm³；当围压分别增至0.6MPa、0.8MPa、1.0MPa时，充填体发生破坏所需的单位体积变形能分别为0.248J/cm³、0.439J/cm³、0.758J/cm³，是各试件初始围压时的2.2倍、3.9倍、6.6倍。当灰砂比1∶6、质量浓度65%的充填体在初始围压为0.4MPa时，其破坏所需的单位体积变形能为0.142J/cm³；当围压分别增至0.6MPa、0.8MPa、1.0MPa时，充填体的单位体积变形能分别是初始围压时的5.2倍、9.8倍、10.3倍。灰砂比1∶6、质量浓度70%的充填体在初始围压为0.4MPa时，其破坏所需的单位体积变形能为0.169J/cm³；当围压分别增至0.6MPa、0.8MPa、1.0MPa时，充填体的单位体积变形能是初始围压时的4.7倍、11.7倍、15.1倍。说明随着围压的增高，充填体达到破坏时所需的单位体积变形能比在初始围压下单位体积变形能更大；相同围压时，灰砂比越大，质量浓度越高，充填体的单位体积变形能越高。

表6-3　充填体试样三轴压缩的能量分析

试样编号	侧压 s_3/MPa	轴向压力 s_1/MPa	峰前能耗量 /J	峰后能耗量 /J	破坏时单位变形能 /J·cm⁻³	总能耗量 /J	峰前占总能耗量的比例 /%
SJ1-0	0	3.63	0.74	2.53	0.102	3.27	22.62
SJ1-1	0.4	5.01	16.24	25.66	0.142	41.90	38.76
SJ1-2	0.6	5.56	40.35	40.85	0.735	81.20	49.69
SJ1-3	0.8	6.23	80.36	67.15	1.397	147.51	54.47
SJ1-4	1.0	7.08	78.84	80.01	1.466	158.85	49.63
SJ2-0	0	5.05	0.95	2.76	0.143	3.71	25.6
SJ2-1	0.4	5.26	5.72	10.99	0.169	16.71	34.23
SJ2-2	0.6	6.18	22.98	55.45	0.794	78.43	29.3

试样编号	侧压 s_3/MPa	轴向压力 s_1/MPa	峰前能耗量 /J	峰后能耗量 /J	破坏时单位变形能 /J·cm^{-3}	总能耗量/J	峰前占总能耗量的比例 /%
SJ2-3	0.8	7.47	59.19	127.33	1.976	186.52	31.73
SJ2-4	1.0	8.76	104.46	140.2	2.552	244.66	42.69
SJ3-0	0	1.41	0.47	1.28	0.076	1.75	26.86
SJ3-1	0.4	5.21	3.54	8.54	0.114	12.08	29.31
SJ3-2	0.6	5.94	8.61	17.83	0.248	26.44	32.56
SJ3-3	0.8	6.92	22.47	25.47	0.439	47.94	46.87
SJ3-4	1.0	8.21	39.76	38.3	0.758	78.06	50.94

注：SJ1、SJ2分别表示灰砂比1:6，质量浓度65%和70%的试件；SJ3为灰砂比1:8、质量浓度65%的试件。

灰砂比1:8、质量浓度65%，灰砂比1:6、质量浓度65%以及灰砂比1:6、质量浓度70%的充填体在低围压（0.4MPa）时，峰前能耗占总能耗的比值分别为29.31%、38.76%、34.23%，说明充填体在三轴压缩破坏过程中，峰前能耗占总能耗的比重较小，绝大部分能量消耗在充填体的峰后变形阶段。随着围压的增大，峰前能耗占总能耗的比重越来越高，说明随着围压的增大，越来越多的能量耗散在充填体的峰前变形阶段，间接体现出围压提高了充填体的屈服强度。充填体在弹性阶段所吸收的能量越多，其在屈服阶段和破坏时所能承载的总能量越多。

结合表6-3中的试验数据，可得到充填体的峰前能耗量、峰后能耗量、单位体积变形能以及总能耗与围压的关系曲线。由统计回归分析得到上述参数与围压的函数关系式，峰前能耗量、峰后能耗量、单位体积变形能以及总能耗与围压呈二次函数关系，R^2都在0.99以上，说明相关性良好，充填体的能量耗散与围压具有很强的规律性，二者关系表达通式为 $y = ax^2 + bx + c$，其中 x 为围压；y 为各参数的能量指标；a,b,c 为试验系数，如图6-8所示。

6.1.3.3　能耗特征与应力的关系

充填体在三向压缩的过程中，会发生轴向变形、侧向变形和体积膨胀，且在不同的方向上能量变化的意义以及量值存在一定的差异。一般来说，在轴向方向上，充填体主要受压缩载荷而吸收大量能量，主要原因是充填体在轴向上的外载荷作用主要用于其内部微孔隙、裂隙的闭合以及颗粒结构间的弹性变形等。在侧向上，由于泊松效应，充填体发生破坏产生侧向变形而释放能量，属于能量耗散；而且在不同的围压作用下，相同配比、质量浓度条件下的充填体试样轴向吸收的能量随着围压的增大而增大，如图6-9所示。图6-9反映了充填体试样在不同围压下的轴向应力与总能量的变化关系。由图6-9可以得出，在施加轴向载荷

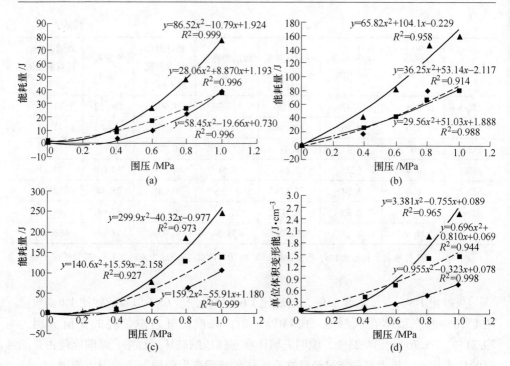

图 6-8　充填体的能量耗散与围压关系曲线

（a）灰砂比 1:8、质量浓度 65%；（b）灰砂比 1:6、质量浓度 65%；

（c）灰砂比 1:6、质量浓度 70%；（d）单位体积变形能

（a）～（c）◆ 峰前能耗/J，■ 峰后能耗/J，▲ 总能耗/J，—·— 多项式（峰前能耗/J），

- - - 多项式（峰后能耗/J），—— 多项式（总能耗/J）；

（d）◆ 1:8、65%，■ 1:6、65%，▲ 1:6、70%，—·— 多项式（1:8、65%），

- - - 多项式（1:6、65%），—— 多项式（1:6、70%）

初始阶段，充填体试样的总能量变化随着轴向压力的增大呈线性增长且增速缓慢，该阶段内的能量主要转化为充填体内部结构的弹性变形，此时变形模量和泊松比近似为定值，在应力-应变曲线中对应为线弹性变形阶段。当轴压超过限定值时，总能量急剧增加，呈较为陡增的左凹型曲线，表明在该阶段充填体对侧向做功较明显，吸收的能量主要用于其内部裂隙的萌生、发育及扩展，该阶段在应力-应变曲线中对应为其塑性变形破坏阶段。从图 6-9 中还可看出围压越高，总能量曲线非线性增长段越长，表明围压的增大能够在相当程度上提高充填体各阶段的能量承载限值。不同灰砂配比和质量浓度条件下的充填体总能量与轴向应力的关系曲线变化规律基本类似，其主要差异在于灰砂配比大、质量浓度高的充填体试件所承受的轴压大，吸收的能量总值高。

表 6-4 为灰砂比为 1:8、浓度为 65% 的充填体在不同围压下的能量分布表。由表 6-4 可知，充填体在围压为 0.4MPa、0.6MPa、0.8MPa、1.0MPa 时对应的单位体积变形能为 0.114J/cm³、0.248J/cm³、0.439J/cm³、0.758J/cm³，分别是

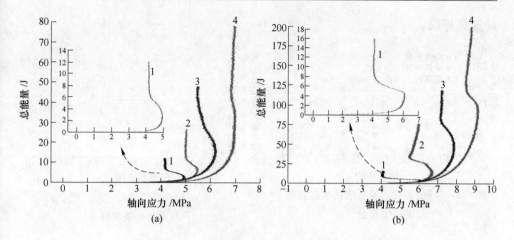

图6-9 充填体的轴向应力与总能量的关系曲线

(a) 灰砂比1:8、质量浓度65%；(b) 灰砂比1:6、质量浓度70%

$1—\sigma_3=0.4\text{MPa}$；$2—\sigma_3=0.6\text{MPa}$；$3—\sigma_3=0.8\text{MPa}$；$4—\sigma_3=1.0\text{MPa}$

表6-4 灰砂比为1:8、浓度为65%的充填体三轴压缩能量分析

试样编号	围压 s_3/MPa	峰前能耗量/J	峰后能耗量/J	破坏时单位体变形能/J·cm^{-3}	总能耗量/J	峰前与总能耗之比/%
SJ1-0	0.0	0.47	1.28	0.076	1.75	27
SJ1-1	0.4	3.54	8.54	0.114	12.08	29
SJ1-2	0.6	8.61	17.83	0.248	26.44	32
SJ1-3	0.8	22.47	25.47	0.439	47.94	47
SJ1-4	1.0	39.76	38.30	0.758	78.06	51

单轴压缩时单位体积变形能的1.5倍、3.3倍、5.8倍、10.0倍。不同围压下充填体的峰前能耗与总能耗数据显示，随着围压的增大，峰前能耗占总能耗的比重越来越高，说明大部分能量耗散在充填体的峰前变形阶段，间接体现出围压提高了充填体的屈服强度。结合表6-3中的试验数据，可得到充填体的峰前能耗量、峰后能耗量、单位体积变形能以及总能耗与围压的关系曲线，如图6-10～图6-12所示。由图6-10～图6-12明显可以看出，峰前能耗量、峰后能耗量、单位体积变形能以及总能耗与围压存在一定的相关性；在低围压时，各能耗指标增长速度较慢，围压越大，各能耗指标增加

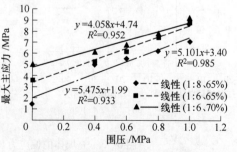

图6-10 不同条件充填体试件最大主应力与围压关系

的速度越快。

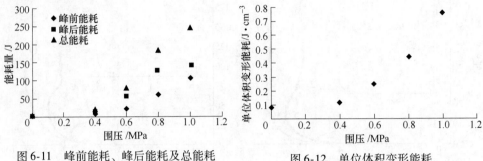

图 6-11　峰前能耗、峰后能耗及总能耗
与围压关系曲线

图 6-12　单位体积变形能耗
与围压关系曲线

6.1.3.4　能耗特征与应变的关系

胶结充填体由尾砂基质、水、胶凝材料按照一定比例配置而成，为碎、散状颗粒介质，颗粒间相互胶结，属于非均质、弹塑性共存和各向异性的人工复合多相材料。充填体在受三向压缩过程中，不同阶段吸收能量的能力可以从各向变形中得到宏观体现，充填体试件的各向变形也可通过能量的吸收与释放得到解释。

图 6-13 反映了充填体试样在不同围压下的偏应力与轴向能量变化、环向能量变化的关系。由图 6-13 可以得出，在三向压缩过程中，随着轴向荷载不断增加，充填体环向、轴向吸收的能量持续增多。在加载初始阶段，环向能量变化和轴向能量的变化规律基本一致，但随着偏应力增加，围压越高，各向的能量变化与偏应力关系曲线的斜率越小，能量随着偏应力增长的速度越慢，充填体在相同偏应力作用下吸收的能量越少。

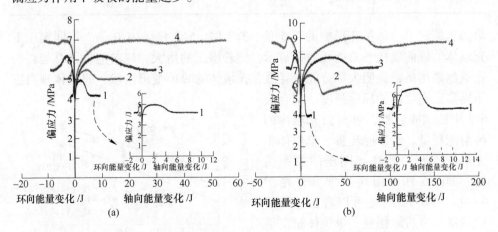

图 6-13　充填体的偏应力与各向能量变化的关系曲线
（a）灰砂比 1:8、质量浓度 65%；（b）灰砂比 1:6、质量浓度 70%
1—$\sigma_3=0.4$MPa；2—$\sigma_3=0.6$MPa；3—$\sigma_3=0.8$MPa；4—$\sigma_3=1.0$MPa

图 6-14 反映了不同条件下充填体在三轴压缩过程中应变与总能量变化的关系。通过对比分析可知，随着充填体应变的增加，其总能量也持续增长。施加的围压越高，总能量与轴向应变关系曲线斜率越大，说明总能量随应变的增长速度越快。充填体的总能量增长与轴向应变的增长总体上遵循指数函数 $y = ae^{bt} + c$ 的增长模式，其中 a、b 取决于灰砂配比、质量浓度以及围压等影响因素，不同围压下拟合结果见表 6-5，拟合的相关系数都在 0.99 以上，表明相关性良好。

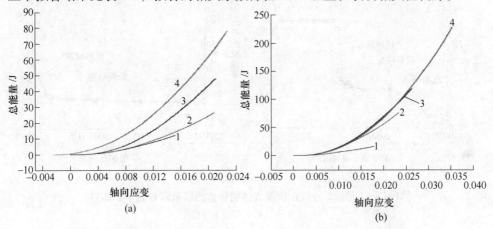

图 6-14　充填体试样的轴向应变与总能量变化的关系曲线
（a）灰砂比 1:8、质量浓度 65%；（b）灰砂比 1:6、质量浓度 70%
$1—\sigma_3 = 0.4\text{MPa}$；$2—\sigma_3 = 0.6\text{MPa}$；$3—\sigma_3 = 0.8\text{MPa}$；$4—\sigma_3 = 1.0\text{MPa}$

表 6-5　充填体试件的轴向应变与总能量关系拟合结果

试样编号	侧压/MPa	拟合方程	系数 a	系数 b	系数 c	拟合相关系数 R^2
SJ2-1	0.4		2.616	1.182	−3.282	0.995
SJ2-2	0.6	$y = ae^{bt} + c$	5.054	0.907	−6.317	0.999
SJ2-3	0.8		8.494	0.937	−10.927	0.995
SJ2-4	1.0		15.692	0.797	−15.674	0.99739

6.2　硬岩采场上覆岩层稳动规律

与煤矿类软岩矿山采场围岩破坏规律相比，金属矿山在矿体赋存条件、地层结构、矿体形成过程、构造应力条件以及采矿方法等方面存在显著的差异，因而导致在开采过程中围岩应力分布和崩落破坏规律也不尽相同。硬岩矿山岩体由于自身弹性模量、刚度系数较大，即使空区不采取处理措施，在一定时间内其基本能自身维持稳定（处于弹性阶段），其储存应变能的大小、持久时间与岩体本身性能有关。为了准确掌握空区顶部岩体塌陷规律，本书作者通过研究现场的钻孔实时监测数据结果和相似材料实验，得出结论：硬岩类空区崩落具有明显的间歇性和跳跃性特点，其基本发展过程为缓慢崩落（或崩落停止）→突然崩落→缓慢崩落（或崩落停止）→突然崩落→延伸地表，如图6-15~图6-18所示，硬岩空区顶部岩体崩落机理表明在进行下次崩塌之前，需经历活动孕育的过程，也就是能量集聚的过程。这类现象在和睦山铁矿后观音山矿段阶段嗣后充填采场中得到了证明。

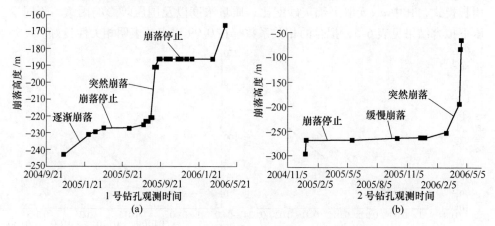

图 6-15　1 号、2 号钻孔顶板岩体崩落监测结果（杜建华，2011）

(a) 1 号钻孔；(b) 2 号钻孔

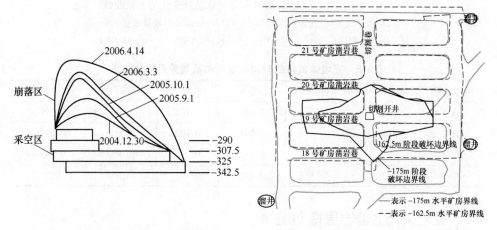

图 6-16　顶部空区岩体崩塌实测模型　　　图 6-17　阶段嗣后采场破坏实测范围

从相似模拟结果及现场发生塌陷破坏的时间和动态规律来看，金属类矿床开采引起的采场围岩破坏具有明显的间歇性、突发性，顶部岩体的能量分期释放。开采产生的扰动力变化是不可逆的，在开采形成的空区被充填之前，空区围岩需依靠岩体自身维持稳定。鉴于采场空区顶部岩体能量分期释放的特点，可以认为充填体在后期受顶部围岩释放的能量是分期作用的。因此，采场空区充填前的围岩应力分布规律、开采强度等因素应纳入分析充填体与围岩作用机理的研究中。

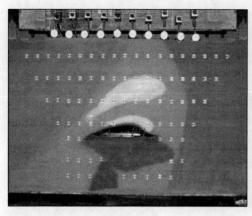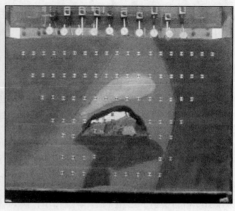

（a）　　　　　　　　　　　　　　　（b）

图 6-18　围岩分期崩落过程实验（杜建华，2010）

（a）稳定期；（b）冒落期

6.3　采场充填体与围岩响应特征

6.3.1　采场围岩能量等价原理

岩体介质中某容积的能量守恒表达式为：

$$W_R + W_a = W_s \tag{6-8}$$

式中　　W_R——围岩释放的能量，$W_R = \dfrac{1}{2}\displaystyle\int_0^{\varepsilon_1}\sigma \mathrm{d}\varepsilon$；

W_a——充填体能吸收的能量，$W_a = \dfrac{1}{2}\displaystyle\int_0^{\varepsilon_1}\sigma_1 \mathrm{d}\varepsilon$；

W_s——体积中的势能或全部储存能。

某一时期内岩体与充填体作用关系判据可用下式表示，前提是开采扰动的集中应变能 W_D 超过了岩体自身最大储存应变能 W_{max} 的能力，即 $W_D > W_{max}$：

$$\begin{cases} W_R > W_a,\text{围岩向充填体释放能量} \\ W_R \leqslant W_a,\text{围岩与充填体间能量平衡} \end{cases} \tag{6-9}$$

在对采场进行充填之前，开采活动已经造成周边围岩的应力集中分布，即扰动应变能量已经转移储存到周边岩体中，即使后期对其进行充填，但其周围岩体开采时期发生的能量变形不可逆，变形岩体仍存在。充填工作目的是要在空区围岩释放先前储存的能量之前向空区提供支护，但这类支护属于被动性支护，只能限制围岩继续变形作用，支护效果与充填接顶、充填体刚度有关。当扰动应变能大于岩体本身的最大储存能力时，充填体支护作用开始显现，此时需向围岩提供支护，即帮助能量转移，以重新达到与围岩共同平衡。当 $W_R > W_a$ 时，充填体与围岩能量转换持续进行；当 $W_R \leqslant W_a$ 时，充填体围岩能量达到平衡，充填采场围岩达到稳定状态。

为了更深入地反映充填体与围岩之间的相互作用过程，本书作者从采场围岩崩落规律出发，分别讨论充填体与顶部岩体、侧向岩体间力学响应特征。

6.3.2 充填体与顶部围岩力学响应特征

开采扰动导致的岩体位移是不可逆的，如图 6-19 所示。依据普氏拱理论，顶部形成拱形的拉应力卸压圈，卸压圈范围的大小与采场顶部岩体暴露面积、时间以及岩体强度相关。卸压圈内的岩体的崩落过程呈间歇性，表明其能量的释放分期进行，在前文已得到证实。充填体对顶部围岩作用可认为是限制其继续产生拉应力变形，在一段时间内只需维护特定范围内的岩体稳定性，相当于与某一时期内的岩体进行能量转换，达到平衡即可，如图 6-20 所示。在一般情况下，开

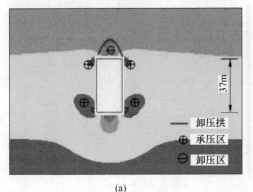

(a)

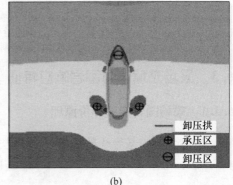

(b)

图 6-19　采场充填前后应力变化对比图

(a) 充填前；(b) 充填后

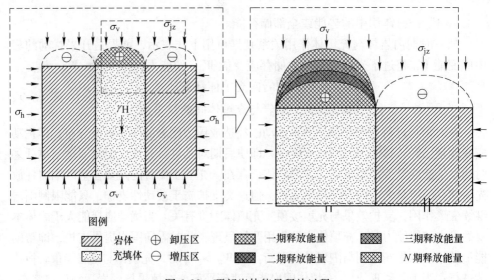

图 6-20　顶部岩体能量释放过程

采扰动产生的能量，部分要耗散在不可回复的变形、裂缝和滑移线上，剩余能量则通过边界传达到侧向岩体上。当部分耗散在顶部岩体自身变形上的能量超过其自身承载临界值时，便会自动释放，即向充填体转移。在该时段，当顶部岩体释放的能量超过充填体吸收能量的阈值时，围岩将继续发生形变，压缩充填体；直到充填体发生单位变形量所能承受的力与围岩释放能相同，则充填体与围岩能量重新达到平衡。

当顶部围岩发生一定量的变形时，假设充填体与围岩充填接顶率为 100%，由于岩体的刚度（弹性模量）大，而充填体弹性模量较小，相比而言属于柔性体，在发生相同形变量的条件下，充填体能吸收到能量的容量较小，相当于图 6-21 中的 OEE' 区域，此时充填体吸收到的能量即等于岩体释放的能量，即 OEE' 面积等于 OAA' 面积，顶部岩体产生较多的剩余变形能（AOE 区域），进而继续发生变形。由于充填采场充填体处于三维受力状态，当变形量达到一定量后，充填体的力学响应强度将增加，此时充填体在发生相同变形量时所能吸收能量的能力增大，使顶部岩体在下一阶段能释放的剩余能量相对减少，最终充填体的应力-变形曲线与岩体应力-变形曲线重合，充填体与围岩发生同步变形，直到下一期能量释放之前，充填体曲线与岩体曲线始终处于即合即离状态，如图 6-21 中放大部分所示。充填体在下一期大量能量释放时，充填体与岩体应力-应变曲线将又从先前阶段状态起按上述规律发生，最终充填体与围岩达到长期稳定和能量平衡状态。

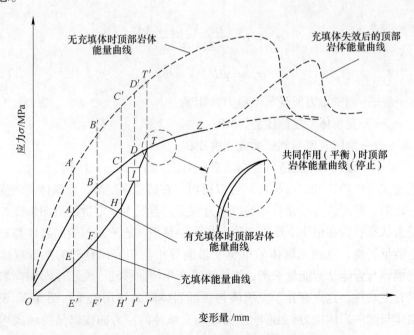

图 6-21　充填体与顶部岩体力学响应特征

当充填体强度足够大时，岩体在达到屈服极限强度之前，岩体与充填体就已达到共同平衡，因而应力变形曲线发展终止；当充填体的强度不足时，岩体在与充填体发生能量交换时，充填体刚度不足以限制围岩体位移时，岩体同样会发生屈服峰值强度破坏，沿着图 6-21 中充填体失效后的应力-变形曲线发生破坏。

充填体在三维受力状态时，其发生单位变形量时所需外力增大，若在弹性范围内，相当于充填体的弹性模型发生变化，刚度变大，直到与岩体刚度匹配，其应力-变形曲线呈阶梯式增加。岩体在有无充填体支护状况下的应力-变形曲线差异较大；在有充填体的支护状态下，其应力-变形曲线阶段梯式缓慢变化，直到与充填体应力-变形曲线近似重合和变形同步；充填体要在顶部岩体达到屈服极限值前与岩体共同达到平衡，以限制围岩继续变形。由充填体与顶部围岩发生作用时的应力-变形曲线可以证明，充填体的主要作用为被动支护，属于柔性支护体，顶部岩体与充填体相互作用遵循"一呼一吸"滞后充填模式。

6.3.3 充填体与侧向围岩力学响应特征

充填体与侧向岩体共同作用主要体现在充填体与岩体发生抗压时产生侧向形变的侧向压力之间的作用特征，如图 6-20 所示，为了维持自重，充填体本身会产生侧向形变趋势，对侧向岩体起主动性支护。侧向压力可用下式表示：

$$\sigma_a = \sigma_v \frac{(1 - \lambda)(1 + \lambda)}{2(1 + 2\lambda)} \tag{6-10}$$

$$\sigma_v = \gamma H(1 + a/b) \tag{6-11}$$

式中 σ_v ——侧壁上方所受集中应力，MPa；

σ_a ——充填体所受侧压力，MPa；

a/b ——空区宽度与侧壁承载宽度比；

λ ——原岩水平构造应力与垂直应力比，$\lambda = 1.1 \sim 1.3$。

通过式（6-10）和式（6-11）可以得出，在特定深度时，充填体侧向受压大小是一定的，即可认为给充填体的侧向力恒定。若发生一定量的侧向形变，将充填体受力状态看做在恒压下压缩变形，按照能量平衡的关系，侧向岩体与充填体即发生能量转换，直到充填体的单位变形能等于侧向岩体释放的能量或形变量时，充填体与岩体达到能量平衡，岩体不再产生侧向移动。充填体对侧向岩体的作用具有主动性，这点有异于充填体与顶部岩体间的作用关系。图 6-22 表示的是充填体与侧向岩体应力-变形响应曲线，充填体的应力曲线仍呈阶梯式增加模式，直到充填体与围岩单位变形能相同。

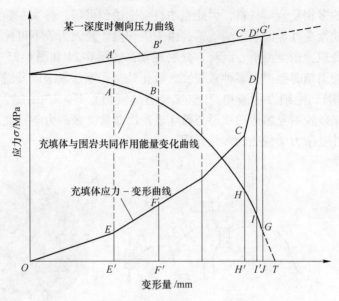

图 6-22　充填体与侧向岩体应力-变形响应曲线

6.4　胶结充填体强度匹配动态设计方法

6.4.1　采场充填体强度影响因素

采场充填体强度的选择不仅与采场开采强度、开采深度、地质环境等因素相关，同时还与充填体配比、充填质量相关，影响充填体稳定性的因素如图 6-23 所示。随着矿床开采深度越来越深，矿体围岩应力环境也越来越复杂，采场充填体的应力环境、水文地质以及高温条件也随之严峻，多场条件下的充填体力学特性变得复杂化。大面积开采与超大深孔爆破技术的创新与应用，使得充填体受二次开采扰动影响集中，加剧破坏充填体稳定性。由于全尾砂胶结充填体属尾砂和

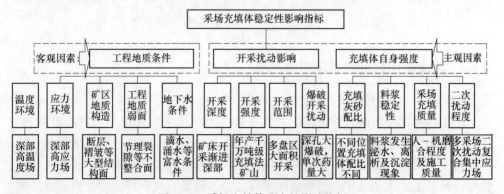

图 6-23　采场充填体稳定性影响指标

胶凝剂组成的多相复合型材料，因此充填料浆输送到采场，料浆在输送过程中其稳定性和流动性受外界因素影响敏感，由于工程操作及人为等不可控因素，充填料浆不可避免地会产生离析、沉淀、分层现象，如图 6-24 和图 6-25 所示，致使充填材料胶凝固结时会产生多种微裂纹、微孔隙、孔隙、气泡以及层面、胶结剂水化物（固相）、毛细力（液相）、空气气泡（气相）等。矿山工程实践与实验结果证明，尾砂胶结充填体的变形与破坏表现出非常复杂的力学特性，是一种具有高度非线性复杂力学特征的多相介质。

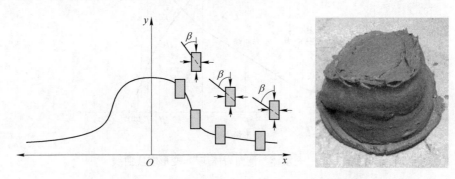

图 6-24　流动性差的料浆塌落度实测及其曲线

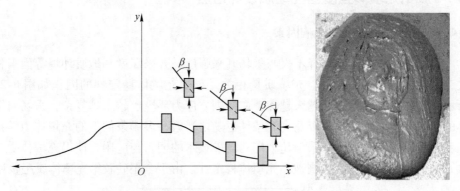

图 6-25　流动性好的料浆塌落度实测及其曲线图

6.4.2　胶结充填体强度匹配设计及应用

6.4.2.1　胶结充填强度匹配设计原理

矿山在采用充填法开采之前，往往需进行充填体强度选取和充填成本估算。目前，国内外对于如何确定一个矿山所需的充填体最优强度值、充填最佳灰砂比仍设有一个较适用的方法，多数采用的是工程经验值和工程类比法。研究充填体强度计算要求的方法众多，较为通用的有太沙基模型、托马斯模型、卢平修正模型以及数值计算与监测结合方法等，上述各种方法中，部分存在只考虑充填体与岩壁的摩擦力或不计顶部岩体的作用等不足，未涉及实际采场充填体顶部受力状况及现场充填体的完整性。

当采场开采强度一定时，开采扰动引起的围岩能量变化是一定的，充填体的作用只需提供弥补开采产生的形变能就能保持围岩的稳定，且充填工艺和施工质量处于稳定状态，因此对需要维持采场的充填体的强度可认为是常数。将充填体围岩相互作用力学模型简化为侧压相同的三维受力问题，充填体与围岩相互作用力学模型如图 6-26 所示。依据 Hoek-Brown 经验强度破坏准则，充填体三向应力状态破坏条件可按下述公式计算：

$$\sigma_1' = \sigma_3' + \sqrt{m\sigma_c\sigma_3' + s\sigma_c^2} \tag{6-12}$$

$$\sigma_a = \sigma_v \frac{(1-\lambda)(1+\lambda)}{2(1+2\lambda)} \tag{6-13}$$

式中　σ_1', σ_3' ——分别为破坏时的最大主应力和最小次应力，MPa；

σ_c ——充填试块单轴抗压强度，MPa；

σ_a, σ_v ——分别为侧向和顶部受力；

m, s ——无量纲参数，代表充填体的完整性，与充填颗粒类型、摩擦角、充填质量以及开采强度有关，通常 $s = 0 \sim 0.9$，$m = 0.0001 \sim 25.0$，见表 6-6 和表 6-7；

λ ——构造系数，通常取 $\lambda = 1.1 \sim 1.3$，此处选 $\lambda = 1.2$。

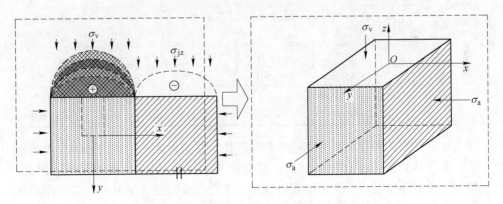

图 6-26　充填体与围岩相互作用力学模型

将力学模型中顶部岩体产生的外界力 σ_T 和侧向压力 σ_a 分别视为充填体发生破坏时的最大主应力 σ_1' 和最小主应力 σ_3'，联立式（6-10）~式（6-13）可计算充填体完整性系数 m、s 与充填试块单轴抗压强度的关系，从而可确定不同充填质量条件下的充填体强度值。当 $\sigma_3' = 0$ 时，对于完整充填体而言，$s = 1.0$，则 $\sigma_1' = \sigma_c$；鉴于充填工序、充填体颗粒级配以及充填材料等因素，充填体完整性系数 $s < 1.0$，说明充填体的整体强度小于充填体单轴试验强度。

表 6-6　充填质量分级

等级序号	充填质量等级	充填质量定性描述
I 级	质量很好	充填料浆没有离析，无分层沉淀，充填体内极少气泡
II 级	质量好	充填料浆没有离析、泌水现象，有轻微分层沉淀，充填体里气泡和孔洞可见
III 级	质量一般	充填料浆有离析、泌水现象，有分层沉淀，充填体里气泡、微裂隙、孔洞较常见
IV 级	质量差	充填料浆有离析、泌水现象较严重，分层现象较明显，充填体里气泡、微裂隙、孔洞较多
V 级	质量极差	充填料浆离析、粗颗粒分层明显，充填体内孔隙与孔洞发育明显，充填质量几乎没有整体性

表 6-7　充填体强度分级

充填体强度 分级	非常高	很高	高	一般	低
	从左向右随着充填质量提高，所需的充填体强度降低				
I 级	$m = 7$ $s = 0.9$	$m = 10$ $s = 0.9$	$m = 15$ $s = 0.9$	$m = 17$ $s = 0.9$	$m = 25$ $s = 0.9$
II 级	$m = 3.5$ $s = 0.1$	$m = 5$ $s = 0.1$	$m = 7.5$ $s = 0.1$	$m = 8.5$ $s = 0.1$	$m = 12.5$ $s = 0.1$
III 级	$m = 1.75$ $s = 0.05$	$m = 2.5$ $s = 0.05$	$m = 3.0$ $s = 0.05$	$m = 3.5$ $s = 0.05$	$m = 4.0$ $s = 0.05$
IV 级	$m = 0.7$ $s = 0.004$	$m = 1.0$ $s = 0.004$	$m = 1.5$ $s = 0.004$	$m = 1.7$ $s = 0.004$	$m = 2.5$ $s = 0.004$
V 级	$m = 0.14$ $s = 0.009$	$m = 0.2$ $s = 0.009$	$m = 0.3$ $s = 0.009$	$m = 0.34$ $s = 0.009$	$m = 0.5$ $s = 0.009$

　　由于顶部岩体的作用具有间歇性和跳跃性，在充填体产生支撑岩体作用效果之前，充填体必须满足自立性，自立性强度要求可按 Thomas 模型设计。因此，充填体与围岩强度匹配，充填体既要满足在不同充填质量情况下三向受力作用强度，同时也要满足充填体的自立强度。

　　作用充填体底部的垂直应力可表示为：

$$\sigma_d = \frac{\lambda h}{1 + (h/w)} \tag{6-14}$$

式中　σ_d ——作用在充填体底部的垂直应力，MPa；

　　　h ——充填体的高度，m；

　　　w ——充填体的宽度，m；

　　　λ ——充填体容重，kN/m³。

　　研究充填体充填采场空区的强度匹配，不仅要考虑采场外部围岩的各种客观环境，如高应力、高温、富水状态；同时也应涉及人为主观因素，如二次开采扰动、现场充填质量。总之，充填体动态匹配设计强度必须满足以下两条件：一是要满足充填体自身稳定性要求；二是满足多因素条件下的三向应力强度准则。

6.4.2.2　胶结充填强度动态设计方法应用实例

　　以和睦山铁矿阶段嗣后采场为例，该矿后观音山矿段采用阶段盘区嗣后充填法开采，地表标高 +30m 左右，首采位置在 −150m 水平；矿体走向320°，走向长度550m，沿倾向方向最大延深960m，最大厚度108m，平均厚度23m，矿体平均倾角约 50°。矿房、矿柱宽都为 12.5m，矿块长度为 50m，矿段划分为 −162.5m、−175m、−187m 三个分段，阶段总高度37m，−200m ~ −300m 现为开拓阶段，即为下阶段开采水平，主要采用盘区式二步骤开采。矿体赋存于闪长岩与周冲村组地层接触带和靠近接触带的灰岩中，其具体参数如下：距地表开采深度 $H = 180m$；坚固性系数 $f = 8$；矿房、矿柱宽度 $a = b = 12.5m$；矿体容重 $\lambda = 3.2t/m^3$。为了确定不同条件下的充填体的强度值，将各参数代入式（6-10）~ 式（6-14）中，m、s 按照表 6-7 中的各值对应选取，可计算得到该阶段内采场在不同充填质量条件下充填体所需的强度值。表 6-8 ~ 表 6-10 分别表示不同开采深度、采场长度时，充填质量常数与充填体强度的匹配值。从计算的结果可知，满足和睦山铁矿 −150m 水平采场宽度为 50m 和 25m 时充填体自立性所需的充填体强度值分别为 0.36MPa 和 0.25MPa，说明采场跨度越大，充填体要满足自立性的强度越大；同时充填质量越好，即充填体越完整，所需的充填体的强度值也越小，反之，充填体所需的强度越大。充填质量好的充填体（$3.5 < m < 12.5$，$s = 0.1$），计算所需强度值为 0.94MPa，见表 6-8，比设计院原推荐的 2 ~ 3MPa 要低 50%；而当充填质量常数 $m < 0.5$，$s < 0.009$ 时，充填质量很差，充填体几乎没有整体性，因而对采场充填体的强度要求较高，在实际生产中应尽量避免这类现象。

表 6-8　开采深度 180m、采场长度 50m 时充填体强度与
充填质量常数之间关系　　　　　　　　（MPa）

充填体强度分级	非常高	很高	高	一般	低
	从左向右随着充填质量提高，所需的充填体强度降低				
Ⅰ级	$\sigma_c = 0.38$	$\sigma_c = 0.32$	$\sigma_c = 0.24$	$\sigma_c = 0.22$	$\sigma_c = 0.16$
Ⅱ级	$\sigma_c = 0.94$	$\sigma_c = 0.73$	$\sigma_c = 0.52$	$\sigma_c = 0.46$	$\sigma_c = 0.32$
Ⅲ级	$\sigma_c = 1.63$	$\sigma_c = 1.32$	$\sigma_c = 1.16$	$\sigma_c = 1.04$	$\sigma_c = 0.93$
Ⅳ级	$\sigma_c = 4.69$	$\sigma_c = 3.64$	$\sigma_c = 2.60$	$\sigma_c = 2.32$	$\sigma_c = 1.62$
Ⅴ级	$\sigma_c = 6.07$	$\sigma_c = 5.78$	$\sigma_c = 5.34$	$\sigma_c = 5.17$	$\sigma_c = 4.75$
计算结果	充填体高37m时，满足自立性强度值为0.36MPa				

表 6-9　开采深度 180m、采场长度 25m 时充填体强度与

充填质量常数之间关系　　　　　　　　（MPa）

充填体强度 分级	非常高	很高	高	一般	低
	从左向右随着充填质量提高，所需的充填体强度降低				
Ⅰ级	$\sigma_c = 0.56$	$\sigma_c = 0.51$	$\sigma_c = 0.43$	$\sigma_c = 0.40$	$\sigma_c = 0.32$
Ⅱ级	$\sigma_c = 1.49$	$\sigma_c = 1.28$	$\sigma_c = 1.01$	$\sigma_c = 0.93$	$\sigma_c = 0.70$
Ⅲ级	$\sigma_c = 2.36$	$\sigma_c = 2.10$	$\sigma_c = 1.95$	$\sigma_c = 1.82$	$\sigma_c = 1.70$
Ⅳ级	$\sigma_c = 7.46$	$\sigma_c = 6.40$	$\sigma_c = 5.07$	$\sigma_c = 4.67$	$\sigma_c = 3.48$
Ⅴ级	$\sigma_c = 6.95$	$\sigma_c = 6.80$	$\sigma_c = 6.54$	$\sigma_c = 6.45$	$\sigma_c = 6.07$
计算结果	充填体高 37m 时，满足自立性强度值为 0.25MPa				

表 6-10　开采深度 230m、采场长度 50m 时充填体强度与

充填质量常数之间关系　　　　　　　　（MPa）

充填体强度 分级	非常高	很高	高	一般	低
	从左向右随着充填质量提高，所需的充填体强度降低				
Ⅰ级	$\sigma_c = 0.59$	$\sigma_c = 0.50$	$\sigma_c = 0.39$	$\sigma_c = 0.36$	$\sigma_c = 0.27$
Ⅱ级	$\sigma_c = 1.46$	$\sigma_c = 1.18$	$\sigma_c = 0.87$	$\sigma_c = 0.78$	$\sigma_c = 0.56$
Ⅲ级	$\sigma_c = 2.44$	$\sigma_c = 2.06$	$\sigma_c = 1.85$	$\sigma_c = 1.68$	$\sigma_c = 1.53$
Ⅳ级	$\sigma_c = 7.32$	$\sigma_c = 5.88$	$\sigma_c = 4.34$	$\sigma_c = 3.91$	$\sigma_c = 2.78$
Ⅴ级	$\sigma_c = 8.24$	$\sigma_c = 7.94$	$\sigma_c = 7.47$	$\sigma_c = 7.29$	$\sigma_c = 6.63$
计算结果	充填体高 37m 时，满足自立性强度值为 0.36MPa				

由表 6-8、表 6-10 对比计算结果可知，充填体同等充填质量条件下，深度越深，采场所需充填体强度越大。对于现场充填作业来讲，在满足充填体自立性的前提下，应尽量提高充填质量，从而就能降低充填体所需强度，间接地可降低充填成本。从目前开采的 −200m 水平以上现场充填质量来看，充填体的作用效果良好，能够达到支护采场围岩的作用，现场充填体质量如图 6-27 所示。

充填成本是影响矿山充填的主要经济因素，而充填成本取决于充填体与围岩作用时选择的充填体强度值。在确定充填体的强度时，通常只借鉴工程经验，千篇一律地只推荐特定的充填体强度值，往往没有考虑开采深度、采场开采强度以及充填质量，忽略了采矿作业其实是个动态过程，因而充填体强度值的选择也是一个动态的过程。通过采场围岩应力分布及其破坏规律，得出采场顶部岩体对充填体的作用力是分期的，充填体对顶部围岩的作用机理属于被动支护；而充填体由于维护自身稳定性，会产生侧向变形的趋势，对侧向岩体属于主动支护，因而充填到采场的充填体会受到三向作用力，作用力的大小与采场深度、大小有关。通过充填体的单轴、三轴实验以及现场一系列力学特征现象表明，如图 6-1 所示，充填体具有与岩体类似的力学特征，利用岩体的破坏准则来检验充填体的强

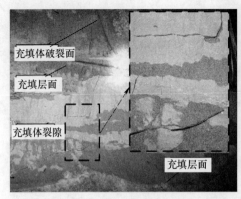

图 6-27　现场采场充填体

度条件，对矿山选择充填体的强度具有指导意义。当矿山的各个系统磨合充分时，如人-机系统的熟悉程度、设备与设备之间的磨合程度，届时充填工艺将处于比较稳定的状态，从而使充填质量常数相对而言比较固定，采场所需充填体强度将为常数。因此，要充分提高采场充填体的完整性，以降低采场充填体强度，从而能间接降低充填成本。

　　总之，研究充填体与围岩作用机理时，不能忽略充填采场围岩的三向作用、采场开采深度、开采强度以及充填质量，不仅要满足自立性，同时也要维护充填体三向受力稳定。因此，本书作者认为，充填体动态匹配设计强度必须满足以下两个条件：一是要满足充填体自身稳定性要求，也就是充填体的自立性；二是满足多因素条件下的三向受力强度准则。这样才能确定适合矿山的充填体强度值，避免选择的强度值过高或过低，而浪费充填成本或埋下安全隐患。

7 高浓度胶结充填采场稳定性控制技术及应用

巷道破坏是地下矿山地压显现的重要表征，开挖形成的巷道受矿岩性质、应力环境、服务年限、开挖扰动及巷道功能等客观条件影响，产生的破坏形式与程度不尽相同。针对不同破坏类型巷道的变形破坏机理与控制技术，人们做了大量研究，路世豹等通过研究表明，地压活动强烈是造成金川二矿区地下巷道破坏的主要原因，并提出了二次支护强度宜强的支护观点；王树仁等借助 FLAC3D 程序模拟分析了软岩顶板变形力学机制，成功解决了采动压力下煤巷道软岩顶板支护难题；周志利等研究了大断面煤巷变形破坏规律及控制技术。随着地下开采深度的增加，经典的巷道支护技术已不适合深部巷道设计，于是提出了以新型"三高"（高强度、高预应力、高刚度）锚杆控制技术为基础的深部巷道控制对策。

大阶段嗣后充填法具生产效率高，资源回采强度大等优点，但嗣后充填法阶段高度较高，开挖对围岩稳定性影响较大，随着开采工作的进行，开采扰动应力变化大，直接导致周边巷道冒顶、片帮等破坏严重，甚至出现局部巷道塌落采空区的现象，影响着采场人员与设备的安全。本章以和睦山铁矿后观音矿段为工程背景，通过现场巷道破坏宏观表现与节理裂隙调查研究以及软件数值模拟，分析了大阶段嗣后巷道失稳原因；在巷道关键部位布置了应力-变形监测点，得到了巷道应力、变形变化规律及破坏特征，最终结合现场工程条件，提出了巷道稳定控制措施，为后期采矿提供了安全保障。

7.1 采场工程地质条件

7.1.1 矿区交通位置

和睦山铁矿隶属于马钢集团姑山矿业有限责任公司，矿区位于安徽省当涂县城南 12km 处，地理坐标：东经 118°31′12″，北纬 31°21′29″。

矿区有公路与宁芜公路相连。马钢至姑山矿业公司专用线从矿区北边通过。青山河距矿区约 2km，并与长江相通，在矿区北东面由南向北流过，河床最低标高 −2m 左右，最大流量 568m³/s，据龙山桥水文站测定最高洪水位为 12.36m。该河常年可行驶 30 吨级以下船只，多雨季节可通行 100 吨级的船只。矿区水陆交通十分便利。

7.1.2　工程地质特征

和睦山铁矿床位于宁芜中生代陆相火山岩断陷盆地南段钟姑铁矿田内。受北西、南东方向水平挤压力作用形成的和睦山—长岭背斜，在岩浆侵入作用下，发生较复杂的构造形变，为矿床的形成提供了控矿、容矿场所。同时出现的次级褶曲形成了位于矿区中部的和睦山背斜和矿区西部的观音山向斜。矿区内构造活动强烈，主要有前观音山与后观音山断层（F_2）龙山南坡断层（F_1）。

矿区内地层主要为三叠系中统（T_2Z）周冲村组，三叠系上统黄马青组地层及第四系冲积、坡积层。根据矿区内发育岩石的岩性、矿物组成成分、工程地质性质将岩石分为以下岩组：

（1）灰岩岩组，分布于后和睦山和后观音山深部，为矿体的主要顶板围岩。岩石成分为白云质灰岩、灰岩夹钙质页岩，呈灰白色、灰色，薄层状、角砾状构造。岩石大理岩化、硅化，性脆。该岩组节理裂隙不甚发育，在地表裂隙率为0.94%，在深部发育少量溶蚀裂隙。

（2）砂页岩岩组，在矿区内分布较广，与下伏灰岩岩组呈假整合接触，局部为矿体顶板围岩。由钙质页岩、粉砂岩、中细砂岩、粗砂岩组成，呈灰白色，层状构造，砂质结构。该岩组受岩浆侵入作用及围岩蚀变作用，裂隙发育，岩石较破碎，地表风化裂隙发育。

（3）闪长岩岩组，分布于矿体的下盘，为矿体的主要底板围岩。岩石呈灰白色、灰绿色，细粒至中粒斑状结构，块状构造。该岩组近矿及地表部分的岩石，裂隙发育，蚀变强烈，岩石破碎。其余部分的岩石，裂隙不发育，坚硬完整。

（4）铁矿石岩组，主要由矿石、夹层和夹石等组成。岩石呈黑色、灰黑色，主要由磁铁矿组成，成粒状结构，矿石坚硬完整，强度高。

（5）第四系残坡积岩组，大面积分布于矿区地表，厚度10.00~37.30m。岩石呈土黄色、灰黑色，由亚黏土、亚砂土及亚黏土夹碎石组成。矿区处于低山丘陵与长江冲积平原接触部位，地形属于侵蚀残丘，地势高于周围，矿区内地表无大的水体。矿区属于以裂隙为主，顶板直接进水，水文地质条件中等的裂隙及岩溶裂隙充水矿床类型。矿区水文地质因素对矿区岩体工程地质条件有很大的影响。

7.1.3　矿山开采状况

和睦山铁矿区分为前和睦山、前观音山、后和睦山和后观音山四个矿段，前和睦山及前观音山矿段地表部分矿体已基本采完。后和睦山和后观音山矿段的矿体分布于11~25勘探线之间，矿化带长1350m，矿体延深最大达960m，平均达400m。矿体厚度2~108.3m，平均达23m，矿体赋标高在56m~-670m之间。

后和睦山区段的主矿体为 1 号矿体，后观音山区段的主要矿体是 2 号和 3 号矿体。主矿体产出部位较稳定，矿体连续性较好。

2 号矿体：隐伏矿体，位于 19B～25 勘探线之间，矿体赋存于闪长岩与周冲村组地层接触带和靠近接触带的灰岩中。矿体为似层状，矿体长 650m，最大延深 485m，厚度 2.05～84.05m，平均厚度 24m。矿体走向 290°～310°，倾向 NE～NNE，矿体上部倾角较缓，约 20°左右，下部倾角 45°左右。矿石以磁铁矿为主。

3 号矿体：位于 20～23 勘探线之间 2 号矿体之上的周冲村组灰岩中，与 2 号矿体大致平行。矿体沿走向延长 350m，地表未出露，沿倾向最大延深 300m，厚度 2～33m，平均厚度 13m。矿体为似层状，矿体倾向 NNE，走向 20°～30°。矿石以磁铁矿为主，部分半假象赤铁矿、赤铁矿。

根据后和睦山和后观音山矿段的矿体赋存条件以及矿体和围岩的物理力学性质，后和睦山矿段选用的采矿方法为诱导冒落采矿法、无底柱分段崩落法；后观音山矿段选用的采矿方法为分段空场嗣后充填采矿法、房柱法。

7.1.4　矿区水文地质

矿区内主要含水层为第四系冲积砂层、砂砾卵石层、孔隙含水层，其次为基岩中岩溶裂隙含水层和裂隙含水层。相对隔水层有第四系冲积砂层上部亚黏土与粉细砂互层、亚黏土层。基岩中周冲村组硬石膏层和新鲜完整的闪长岩为各地段的相对隔水层。

矿区范围内地下水主要接受大气降水的补给。雨季各层地下水均有回升，降水渗入到地下水流系统后，形成地下径流，在地貌深切地段以泉的形式排泄。

后和睦山—后观音山铁矿床赋存于闪长岩与周冲村组灰岩接触带上，矿体产状与接触带基本一致。矿体近北西走向，沿走向长 1350m，沿倾向最大延深 960m，矿体赋存标高为 70m～-670m，矿体厚 2～108.3m，平均厚度 23m。整个矿体全部处在地下水位以下。矿体直接顶底板及围岩为周冲村组灰岩，其厚度较大，水压高，透水性中到强，上有第四系含水层覆盖。矿床属覆盖型，以岩溶裂隙为主，顶板底板直接进水，水文地质条件中等的矿床。

7.2　采场地压显现宏观调查

7.2.1　地压显现宏观规律调查

为了准确的了解采区的工程总体状况，对该矿区的巷道布置及稳定性状况进行了详细的调查，内容主要包括巷道破坏范围、破坏的主要类型和巷道破坏原因。

7.2.1.1　巷道破坏范围调查

调查的范围主要针对包括 -150m、-162.5m、-175m 和 -187m 四个分段水平的所有巷道，重点是 − 162.5m、− 175m 和 − 187m 三个水平的矿房凿岩巷道、盘区联络道、堑沟出矿巷道和出矿联络道。

7.2.1.2 巷道破坏的主要类型

通过对四个分段水平所有巷道的调查结果可知，巷道破坏的类型包括：喷层开裂、两帮剪切破坏、拱角剪切破坏、底鼓、顶板楔形冒落，如图 7-1 ~ 图 7-9 所示。其中图 7-1 表示的是 − 150m 阶段巷道破坏状况，从图中可以看出，巷道的底板已整体下沉，顶板的一半也发生破坏，锚网支护已经失去作用；图 7-2 表示的是巷道拱角破坏情况；图 7-3 显示 − 175m 阶段的凿岩巷道发生顶板大规模冒落；图 7-4 表示位于 − 175m 阶段 5 号矿房凿岩巷道与 2 号联络道交叉处巷道的破坏情况。

图 7-1　巷道底板塌陷

图 7-2　巷道拱角破坏

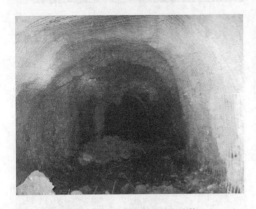

图 7-3　凿岩巷道顶板冒落

图 7-4　巷道片帮破坏

7.2.2 巷道破坏机理分析

矿区采场巷道与围岩的稳定性主要受采区工程地质构造、构造应力、矿体围岩性质等地质条件、巷道支护及时性、支护强度和充填滞后等因素的影响。在不

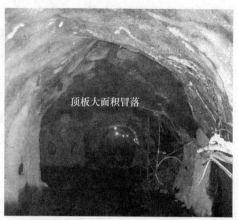

图 7-5　锚网喷开裂　　　　　　　　图 7-6　联络道顶板大面积冒落

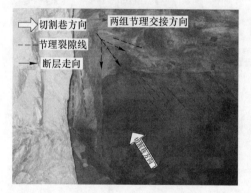

图 7-7　巷道节理控制破坏　　　　　　图 7-8　巷道顶板拉裂

图 7-9　锚网支护破坏

　　同的区域，由于受开采扰动的影响程度不同，受破坏的程度差异明显。从以下几方面分析了后观音山 −150m 至 −187m 阶段各巷道破坏原因。

7.2.2.1　力学角度分析

围岩在未扰动之前，本身处于一种相对稳定的状态。在地下工程开挖后，原岩应力平衡被打破，必然导致应力发生转移，形成应力卸压区与应力集中区，由于工程尺寸与断面形状的不同，各部位发生破坏的力学机理也不尽相同。巷道顶部因压力作用而发生了较大下沉，使锚杆网、混凝土喷层部分失效而破坏。由于盘区间距小，矿房采出，应力发生转移，使得巷道受到很大的应力集中。在侧向强烈的挤压作用下，顶板和两帮发生破坏，同时巷道的支护也发生明显的开裂，甚至钢筋被弯曲，锚喷网被扭曲或被拉断，底鼓现象也较常见。从力学角度分析，顶板下沉、开裂主要是拉张破坏为主，两帮破坏主要受剪切作用为主。

7.2.2.2　工程地质因素分析

矿区的工程地质条件十分复杂。矿体顶板围岩依次为灰岩、砂岩、页岩，局部有闪长玢岩，闪长玢岩呈半坚硬及松软岩性，其他围岩岩性一般为坚硬、完整。底板围岩主要为闪长岩，近矿体的闪长岩以半坚硬为主，少量软弱；其下为新鲜完整的闪长岩，坚硬、稳定。矿体矿化不均匀，造成矿体内部结构面发育，特别是存在充填物的软弱结构面，自身稳定性差；岩石普遍有较强烈的磁铁矿化和硅化，矿石粉化，遇水泥化现象严重。

部分矿房巷道处于矿岩接触带，如 19 号矿房、2 号矿房等，矿岩松软破碎、节理裂隙构造发育，矿岩的承载能力低，整体稳定性较差。有些巷道被较大滑面贯穿，很容易发生塌方或冒顶。

7.2.2.3　支护设计分析

巷道地压显现具有明显的时间效应，部分巷道在掘进后没有及时的支护，如在 – 175m 阶段，24 号矿房凿岩巷道处，围岩极其破碎且裸露时间长，未采取任何措施，以致冒落的岩块数量越来越多，且体积也逐渐增大。有些巷道存在时间较长。全区的支护方式与强度比较单一，造成各联络道巷道以及各巷道交接处需二次支护的现象较多。

7.2.2.4　充填条件影响分析

对采空区未及时进行充填，直接影响了相邻矿房的稳定性。采出矿石的矿房空区暴露时间久，由于矿岩自身稳定性差，加剧了采场相邻巷道的破坏。18 号矿房凿岩巷道、20 号矿房凿岩巷道和 – 150m 阶段巷道的破坏，大部分是 19 号矿房充填不及时的结果。

7.2.2.5　工程施工及管理因素分析

工程施工以及爆破对矿区的巷道稳定性起着至关重要的作用。首先爆破参数的选择，如边孔角、炸药单耗以及装药技术等因素，直接导致爆破效果差，极大地影响了巷道围岩的稳定性。其二，巷道掘进过程中，基于工程施工及各因素的原因，超挖现象严重，人为加剧巷道失稳，且在退采的过程中，最后一排孔的爆破直接导致间柱破坏情况较多。其三，二次爆破次数多，且爆破时间随意，爆破振动也是导致巷道围岩失稳的重要因素。最后，出矿顺序影响空区顶板稳定性，一个矿房从开始到结束，基本上要间隔 4 个月左右时间，也就是说，最上部阶段的顶板与矿柱要维持 4 个月左右，这在后观音山的矿体条件下是不允许的。应控制矿出矿量，做到出矿量应为每次崩落矿石量的 20%~30% 左右，旨在为下排爆破提供爆破空间，其余矿石主要待整个矿房退采完后再集中出矿。

7.3　充填采场底部结构稳定性分析

与大型无轨设备结合，大阶段嗣后充填法和 VCR 法俨然已成为矿山首选的高效采矿方法。嗣后充填法依据各分段爆破落矿、底部集中出矿的原则，其底部结构是由一系列出矿巷道、凿岩巷道和出矿进路组成的巷道群，因而采场底部结构的稳定性是保证顺利出矿的前提。由于地下硐室处于复杂地质条件下，其稳定性受原始地质状态（如地应力、地下水以及地质构造等因素）和工程活动（如开挖方式、支护等级、支护时间等）影响很大。在已形成的巷道附近进行工程开挖活动，其扰动影响减弱了围岩稳定性，在开挖过程中，采取何种开挖方式和布置形式直接关系到邻近巷道的整体稳定性，因此巷道群的开挖顺序、结构参数以及布置形式的优化研究一直是地下巷道群稳定性研究的重点。本节以大冶铁矿 −180m 阶段嗣后充填法底部结构为研究对象，对其出矿巷道和出矿进路的施工顺序和布置形式进行数值分析，得出了底部结构巷道群应力分布特点、变形变化规律以及合理的布置形式。

7.3.1　底部结构巷道群开挖方案设计

7.3.1.1　计算模型

此次模拟的工程地质原型取自大冶铁矿 −180m 阶段底部出矿结构，其进路与出矿巷道呈 45°，且呈对称布置，间距 10m；出矿巷道间距 15m，高 3.4m，宽 3.6m。为了研究底部结构巷道群开挖时相互扰动规律及布置形式对稳定性的影响，借助三维 FLAC3D 数值计算软件，对其出矿巷道和出矿进路的施工顺序和布置形式进行数值分析。鉴于 FLAC3D 软件较难建立复杂模型的缺点，本书作者先在 ANSYS 软件中建立网格模型，利用 ANSYS 软件输出网格模型节点坐标，通过编程将节点坐标转换成 FLAC3D 模型，模型尺寸如图 7-10 所示。

7.3.1.2　开采方案设计

巷道的稳定性一方面受岩体自身完整性控制，另一方面受制于临近巷道开挖顺序的扰动影响。底部结构的布置形式一般分为双边对称式和双边交错式，通过对比分析底部结构巷道群在邻近巷道开挖扰动情况下应力分布特点、变形以及塑性区域变化状态情况，得到最佳的开挖顺序方案和布置形式。

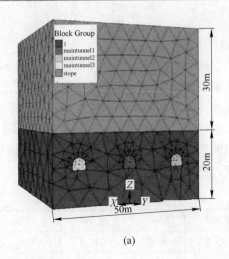

(a)

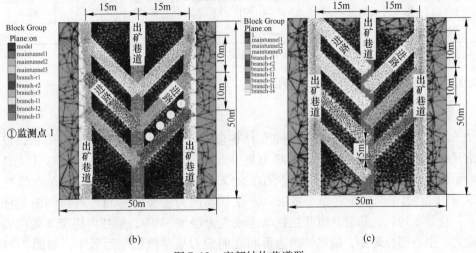

(b)   (c)

图 7-10 底部结构巷道群
（a）整体模型；（b）对称布置；（c）交错布置

  方案 1 为单侧顺序开挖，工序如下：先开挖出矿巷道，其次开挖单侧出矿进路（单边），最后再开挖另一侧，即主巷 1（maintunnel1）—主巷 2（maintunnel2）—主巷 3（maintunnel3）—右分支 1（branch-r1）—右分支 2（branch-r2）—右分支 3（branch-r3）—左分支 1（branch-l1）—左分支 2（branch-l2）—左分支 3（branch-l3），各巷道位置关系如图 7-10 所示。

  方案 2 为双侧交替开挖，顺序如下：先施工出矿巷道，其次开挖单侧出矿进路，彼此交错进行，即主巷 1（maintunnel1）—主巷 2（maintunnel2）—主巷 3（main-tunnel3）—左分支 1（branch-l1）—右分支 1（branch-r1）—左分支 2（branch-l2）—右分支 2（branch-r2）—左分支 3（branch-l3）—右分支 3（branch-r3）—左分支 4

（branch-l4）。

7.3.1.3 计算参数

矿体主要为磁铁矿，围岩主要以中细粒石英闪长岩、矽卡岩、大理岩以及闪长玢岩为主，岩体的抗压强度需要用点荷载抗压强度转换，先从点荷载抗压强度转换为饱和单轴抗压强度，再从饱和单轴抗压强度通过岩体完整系数转换为岩体抗压强度。在 FLAC3D 程序中，摩尔-库仑（Mohr-Coulomb）屈服准则计算时采用的是剪切模量和体积模量，因而需将变形模量转化为剪切模量和体积模量，模拟岩性的物理力学参数，见表 7-1。

表 7-1 主要岩性的物理力学参数

参数	$\gamma/kN \cdot m^{-3}$	E/GPa	μ	σ_t/MPa	σ_c/MPa	C/MPa	$\phi/(°)$
Fe	41.2	15.6	0.27	11.11	87.49	0.35	42.0
Td	27.0	18.0	0.20	6.99	53.93	0.32	33.0
BD	27.0	20.0	0.28	13.33	105.09	0.50	40.0
Qh	20.0	0.01	0.01	0	0	0.075	27.0

注：TD 为大理岩；BD 为闪长岩；Qh 为坡脚回填体。

7.3.2 底部结构巷道群开挖参数确定

7.3.2.1 应力分布特征

图 7-11 表示方案 1 开挖顺序底部结构应力分布。从图 7-11 中可以看出，进路开挖造成了进路间矿柱较强的应力集中，第一条进路形成后，如图 7-11（a）所示，应力最大区域大部分积聚在交叉巷道的尖端部位，最大应力值达23.9MPa。当单侧多条进路形成时，开挖扰动应力主要转移到各进路间的矿柱上，且分布均匀，邻近巷道开挖扰动造成应力增加 3MPa；矿柱周边交叉处应力最大，中心部位最小，最终使四边形间柱的应力呈"椭圆"形分布，如图 7-11（b）所示。另一侧进路形成时，最大应力中心转移到三条巷道交叉口，如图 7-11（c）所示。图 7-11（d）显示底部结构完全形式后的应力分布，其应力分布对称，巷道三岔口处矿体应力最高。

7.3.2.2 位移分布特征

图 7-12 为方案 1 各个阶段时底部结构位移分布。由图 7-12 可知，开挖扰动产生的竖向位移变形主要以巷道交叉口为中心，向矿岩周围呈同心圆状扩散；随着形成的进路条数越多，产生的扰动位移圈越来越密且范围也逐渐增大。进路右分支 2 的开采扰动使竖向位移增加了 2mm，这说明开挖对底部结构的影响在该阶段还较小；但随着开挖邻近进路条数的增加，竖向位移增加的幅度越来越大，整个底部结构形成后位移值达到 12mm。扰动位移最集中区域同样发生在各巷道相交处。

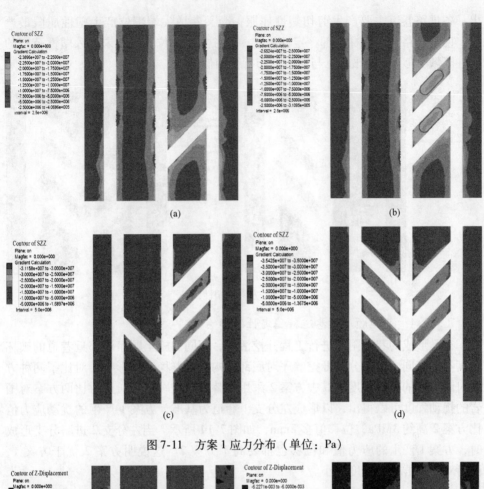

图 7-11 方案 1 应力分布（单位：Pa）

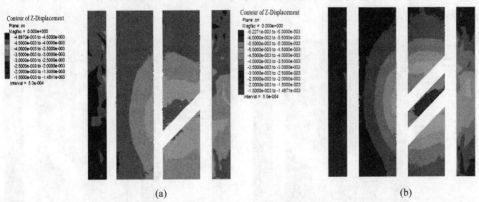

图 7-12 方案 1 位移分布（单位：m）
(a) 开挖右分支 1；(b) 开挖右分支 2

7.3.2.3 塑性区分布特征

图 7-13 为底部结构按方案 1 开挖顺序形成的塑性区域。从图 7-13 中可以看

出，各进路巷道主要产生剪切塑性屈服；交叉巷道尖端部位产生塑性屈服最严重，说明进路之间间柱端部稳定性最差，间柱中心部位稳定；未进入塑性范围的间柱区域类似于"椭圆"，与应力分布特征相似。

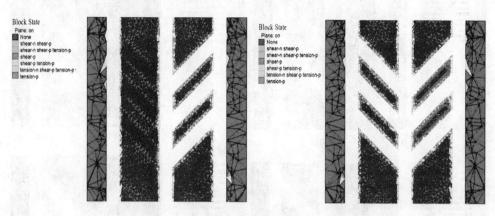

图 7-13　方案 1 塑性区域

7.3.2.4　开挖顺序对巷道群稳定性的影响

在已形成的巷道附近进行工程开挖活动，不同的施工顺序对邻近巷道的破坏程度不尽相同，为了分析开挖顺序对底部结构巷道群稳定性影响，对比了两种方案对巷道群的破坏程度，其中方案 2 采用交替式开挖顺序。通过对比两方案对围岩的扰动程度可以得出，以形成左分支 1 巷道为基准，方案 1 产生的扰动应力值比方案 2 高约 3MPa，位移值多 2mm，如图 7-14 所示。当左分支 2 进路分支形成时，方案 1 产生的应力值和位移也都要高于方案 2。这说明方案 2 优于方案 1，前者对巷道群扰动程度较小。

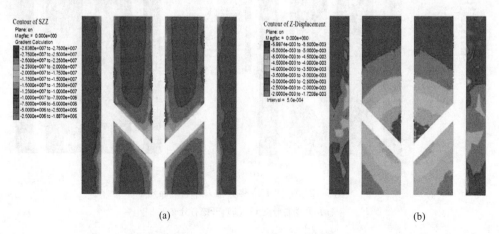

(a)　　　　　　　　　　　　　　　　　　　(b)

图 7-14　方案 2 应力和位移分布

(a) 应力图（单位：Pa）；(b) 位移图（单位：m）

7.3.2.5 布置形式对巷道群稳定性的影响

底部结构的布置形式一般分为双边对称式和双边交错式，不同布置形式的底部结构在施工形成过程中表现出的稳定性也不相同。图 7-15、图 7-16 分别表示两种不同布置形式的底部结构巷道群在开挖形成时的应力、竖向位移对比情况。由图 7-15 和图 7-16 可看出，交错布置产生的最大竖向应力值达 37.4MPa，比对称布置的高 3MPa，说明交错布置引起的局部应力集中程度更严重，对底部结构的整体稳定性更不利；而两者产生的位移对比效果不明显。但随着开挖进路条数的增多，对称式底部结构的优越性表现得越发明显，当底部结构全部形成时，交错式产生的最大竖向应力值比对称式大 14MPa，如图 7-17 所示。

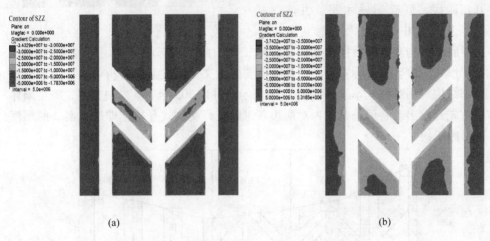

(a)   (b)

图 7-15 不同布置形式的应力对比（单位：Pa）

(a) 对称布置；(b) 交错布置

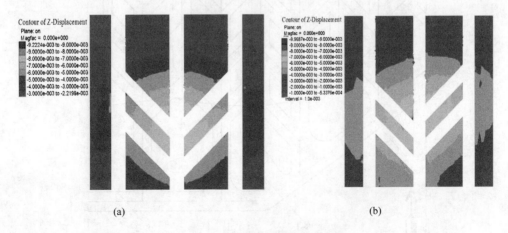

(a)   (b)

图 7-16 不同布置形式的位移对比（单位：mm）

(a) 对称布置；(b) 交错布置

综合对比应力和位移方面的情况，对称式的底部结构产生的最大应力集中值较小，产生的竖向位移最大值也小，变形破坏程度较轻，因而相比较而言，对称式的底部结构相对更稳定。

7.3.2.6 底部结构参数确定

大冶铁矿 – 180m 阶段采用阶段嗣后充填法开采，目前正处于开拓阶段，底部运输水平、井底车场和天溜井开拓工程已接近完

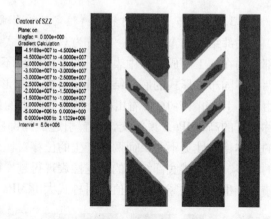

图 7-17 交错布置应力分布（单位：Pa）

工，底部结构和各分段凿岩巷道正在施工。因此其底部结构采用何种施工顺序、布置形式，对矿山实际安全生产具有重要的意义。通过上述分析可知，大冶铁矿底部结构采用对称式布置，如图 7-18 所示；并以 305 至 306 矿块为例，施工顺序应首先开挖出矿巷道，其次再对两边各进路进行交替式开挖，即按方案 2 的顺序进行施工。

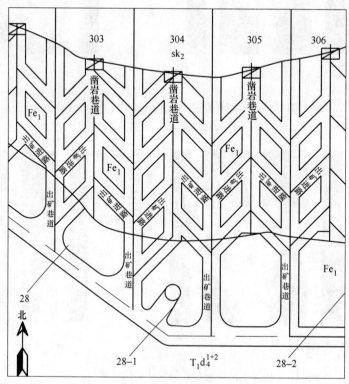

图 7-18 大冶铁矿底部结构巷道群

7.4 充填采场巷道控制技术

7.4.1 充填采场巷道控制技术理论

迄今为止，各种巷道支护理论众多，运用最广泛的是新奥法，与传统支护技术与工艺相比，新奥法重视岩体中的节理、裂隙、结构面等对岩体稳定性的影响，并通过结构面组合分析来判断地下工程的稳定性。同时还特别注意工程监测，如围岩位移测量、收敛测量，在位移突变时需要采取支护措施。巷道支护应遵循如下原则：

（1）对于巷道支护的效果，最根本的是靠它的围岩，应把衬砌与围岩看成是形成整体化的结构物，但从根本上讲起到支护作用的是围岩。

（2）应尽可能不损坏围岩的原有强度，喷混凝土可防止围岩松弛。

（3）必须极力防止围岩松动，因地层的强度主要是靠单个岩块与土的摩擦力来决定的，一旦发生松弛则此摩擦力及时失去，围岩强度就降低。

（4）应尽量避免围岩出现单向应力与双向应力状态，这是因为岩石处于三向应力状态是稳定的，而卸载并不好。

（5）衬砌应在最适宜的时机构架，过早过晚都不好，太刚太柔也不利。必须使用能发挥岩层强度的支护。

（6）应正确了解围岩的时间因素。

（7）在预计可能出现大变形及围岩松动的地方应对开挖面施以防止滑动的支护结构，以使其受到约束。为此最好采用喷混凝土的支护方法，木支架和钢拱架只能给予点支撑，所以效果不好。

（8）衬砌需要增强时，可使用钢筋网、刚支架和锚杆，而不增加其厚度。

（9）衬砌的时间与方法应根据围岩变位来决定。

（10）由围岩内的渗透流产生的压力，必须以排水法排泄出去（例如采用软管排水法），特别是矿岩粉碎地带要及时排水。

7.4.2 原巷道控制方案分析

通过对巷道的破坏形式、发生破坏的地点等情况调查发现，原来支护方式存在如下几点不足：

（1）支护方式较单一。整个采区无论是主要出矿巷道还是凿岩巷道、盘区联络道，都采用同一类的支护方式，造成巷道交叉部位和围岩较破碎的地方垮冒现象多，二次支护工程量大，造成了重大的工程浪费。

（2）支护参数结构不合理。原有的支护方案都采用排距 850mm，每排 11

根，锚杆长度1.8m，每根锚杆间距相同。由于矿区的围岩较为破碎，必然造成松动圈较大，1.8m锚杆不能起到锚固作用，因而会出现整个支护层与围岩一起松脱、垮冒；巷道的拱角和顶板部位受开挖影响大，约800mm锚杆间距之间形成不了一个共同作用圈，降低了共同承载能力。

（3）支护时间不合理。针对围岩较破碎的地方，没能得到及时补强。研究结果表明，松散破碎岩体，开挖后自稳能力很低，自稳时间极短，一般为几个小时到一两天之间。

（4）部分支护施工质量不到位。从现场观察施工质量来看，部分巷道处出现锚杆间距大于设计参数，锚杆方向不到位，网片、垫板松动，喷层厚度不足的现象。

7.4.3　充填采场巷道控制措施

针对后观音山阶段嗣后充填采场变形破坏状态，考虑岩体自稳能力弱，围岩破坏时间极短以及开挖扰动破坏应力集中等因素，提出改变应力型巷道支护"先让后抗，先柔后刚"原则，建议加大初次支护强度，实现一次支护，控制措施主要包括以下几个方面。

（1）应力控制措施。应力控制措施的原理就是根据地压分布规律，合理地布置巷道、优化断面尺寸、确定合理的回采顺序，尽量避免造成围岩应力集中，提高围岩自身稳固性。采取应力控制措施应注意以下几点：

1）选择合理的巷道开挖方向，巷道开挖方向应尽可能与最大主应力方向一致。

2）下分段的回采必须滞后于上分段回采工作，以阶梯式顺序退采，并形成"V"形的采空区，尽量减小上、下分段回采时的集中应力叠加。

3）选定合理的巷道断面尺寸、形状，改善围岩应力分布状态，避免出现拉应力、压应力集中以及剪应力差；根据工程需要，在围岩破碎部位尽量少布置工程，减少大断面巷道的数量；提高施工质量，避免超挖或欠挖工程的存在。

4）一些主要运输巷道应尽量避开高应力叠加区，在与各分支回采巷道交接处，应适当加大最后一排炮孔与巷道的距离，从而增加间距厚度，提高巷道稳定性。

（2）减少时间效应。巷道存在的时间也是影响其稳定性的重要因素之一，在高压破碎工程中，在保证施工质量的前提下，及时进行喷锚网二次支护，采准巷道一般能够自稳6个月左右。根据矿房回采顺序，遵守"先掘先采、不采不掘"的原则，严格控制每条巷道的开工时间和完工时间，并应及时组织回采，缩短巷道的存在时间；针对高应力区的巷道，应进行及时补强，延长其使用寿命，实现正常回采。

（3）保护岩体强度。保护围岩强度，防止岩性恶化是在围岩应力状态一定的条件下，使原来处于稳定状态的围岩强度，不因外界环境影响作用而恶化。巷道形成后，应及时喷射混凝土，使其形成完整的封闭圈，防止风化及水的影响降低岩体强度，特别是矿岩粉碎地带。要减小爆破振动的影响，实施控制爆破，特别是对于巷道、采场稳定性有关键作用的地段更要注意减少爆破的影响。还要减小水的影响，及时疏干排水，特别是对于松软、破裂、粉矿矿岩处尤为重要。

（4）支护方式优化。巷道位置及用途决定了巷道的支护强度。根据退采位置的不同，造成巷道上部的应力集中程度不同，支护强度应适当加强。在联络道与凿岩巷道的交叉处及主要联络巷，可考虑改变目前支护设计（如图7-19所示），采用分级支护，对拱角部位加大支护密度，采用600mm间距，排距、网格

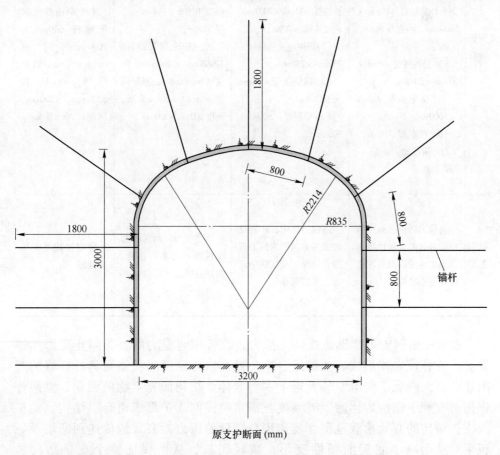

原支护断面(mm)

图7-19 原支护设计方案

均采用原有参数，锚杆采用 3m 的中长锚杆（5m 锚索），网格为 100mm × 100mm，喷射混凝土强度等级不低于 C20，喷层厚 100~120mm，具体参数见表 7-2，优化支护断面设计如图 7-20 所示。

表 7-2　巷道四级支护表

支护等级	I	II	III	IV
支护形式	锚索喷锚网支护	喷锚网	喷锚或锚网	索喷或单锚
支护参数	(1) 锚索：长度 5m，网度 2m×2m； (2) 锚杆：缝管摩擦锚杆 ϕ40mm×2000mm，网度 0.8m×0.8m；或钢筋砂浆锚杆 ϕ18mm×1800mm，网度 0.9m×0.9m； (3) 筋网网度：ϕ6mm×200mm×200mm； (4) 双筋条带：ϕ8mm×3000mm； (5) 喷层厚：70mm； (6) 钢拱架：间距 2m	(1) 锚杆：钢筋锚杆 ϕ18mm×1800mm，网度 0.9m×0.9m，或缝管摩擦锚杆 ϕ40mm×2000mm，网度 0.9m×0.9m； (2) 筋网网度：ϕ6mm×250mm×250mm； (3) 双筋条带：ϕ8mm×3000mm； (4) 喷层厚：50~60mm	(1) 喷锚：钢筋砂浆锚 ϕ18mm×1800mm，网度 0.8m×0.8m，喷厚 50mm； (2) 锚网：缝管摩擦锚杆 ϕ40mm×2000mm，网度 0.8m×0.8m；预制网片 ϕ4mm×1.5m×2.2m，网度 100mm×100mm	(1) 索喷厚度：50mm； (2) 单锚缝管摩擦锚杆 ϕ40mm×2000mm，网度 0.8m×0.8m；或砂浆钢筋锚杆 ϕ18mm×1800mm，网度 0.8m×0.8m
适用范围	高应力区中，断层破碎带经过的自稳性极差的出矿巷道、出矿联络道等底部结构	高应力区中，矿岩接触带等软弱围岩的下盘凿岩进路、盘区联络道及交叉口等部位	零盘区与一盘区的稳定性较好的凿岩巷道、盘区联络道等部位	稳定性较差的切割巷道

　　锚索喷锚网支护能迅速提供支撑力，改善围岩受力状态，阻止变形迅速发展。锚杆使岩体形成有效的组合拱，提高岩体强度。喷锚网具有良好的封闭性，大大降低了潮湿空气及地下水对岩体、结构面充填物的泥化、潮解等作用，有利于保持岩体的固有强度。锚索喷锚网支护形成组合拱结构，能扩大支护结构的有效承载范围，使作用在拱顶的压力能有效地传递到两墙及底板下，从而减小底板的塑性变形，减轻底鼓，从而保证整个支护结构的稳定。

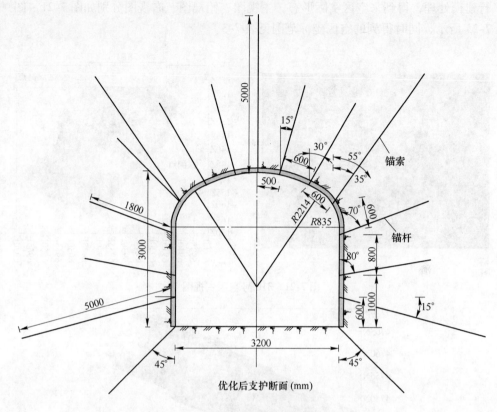

优化后支护断面 (mm)

图 7-20　优化巷道断面支护

7.5　充填采场控制措施

7.5.1　探测充填采场空区

　　精确的采空区模型是准确进行采空区分维计算的基础，激光扫描技术的发展与应用，为得到精细的采空区模型及空间信息的获取奠定了基础。目前常用的三维探测设备有 CMS 空区探测系统、C- ALS 钻孔式三维激光扫描仪及 VS150 地下激光 3D 扫描仪等。三维激光扫描技术利用激光测距的原理，通过激光的发射、反射、接收及自动换算可以得到采空区边界表面的三维点云数据，突破了传统的单点测量方法。通过扫描头的旋转，可以得到整个采空区内部边界点的三维坐标。测量得到的是边界各点的三维坐标数据，可以直接被多种三维建模软件如 SURPAC、3DMine 等调用进行后续处理，从而快速对采空区进行三维重构，从中获取点、线、面、体等空间信息。

　　7.5.1.1　阶段嗣后采场空区探测

　　采用 VS150 空区扫描系统对采空区进行探测，将探测数据导入 SURPAC 中进行建模处理，得到采空区实际形态，主视图、俯视图、右视图分别如图7-21～图7-23所示，同时得到的空区坐标范围见表7-3。

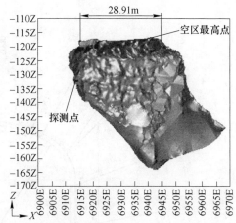

图 7-21　310 号空区主视图

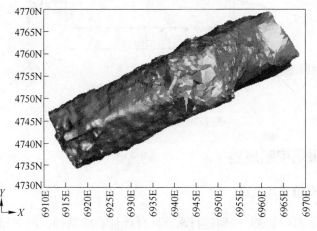

图 7-22　310 号空区俯视图

表 7-3　空区坐标范围

方　　向	最　　小	最　　大
X（东向）	6910.99m	6968.61m
Y（北向）	4734.26m	4769.62m
Z（高程）	−164.14m	−116.50m

　　由图7-21～图7-23可知开采结束后，采空区两帮及顶板较规整，与设计边界复合情况较好，整体上没有特别明显的超挖与欠挖现象。但在距−120m水平端部出矿口3.36m处的采空区顶板有28.91m长的一般存在少许超挖，平均超挖

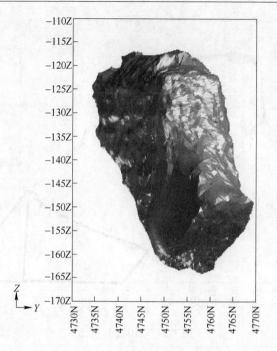

图 7-23 310 号空区右视图

高度 2.14m，体积约为 928.01m³。采空区最高程在 −116.5m，坐标（6940.74，4752.23）进行充填时要关注该区域，进行针对性接顶处理。

对所测实测模型生成体积报告，测得空区体积为 20443m³，表面积 5049m²。由于测量时 −171m 水平还有大量未搬运的矿石，大约有 1 万吨左右，矿石密度 3.97t/m³，松散系数为 1.6，计算体积为 4000～5000m³，取 4500m³；底部矿石堆积造成光线遮挡，VS150 空区扫描仪很难捕捉到，因此这部分体积无法测到，如图 7-24 所示。将 310 号空区近似为标准平行四边形，通过数学近似计算区域 2 和区域 3 的总体积为 7424m³。因此 310 号采空区总体积 $V = 20443 + 7424 = 27876m³$，与设计值 29769m³ 基本相差不大，达到了预期的效果。

对矿体主视图 −120m、−133m、−146m 水平生成横剖面，得到多个线串文件，查询这些线串文件中点的距离，可以得到空区的宽度、长度的范围。图 7-25～图 7-27 分别为 −120m 水平、−133m 水平、−146m 水平的宽度和深度。多次查询线串文件中点的垂直距离，对比验证可得空区宽度范围为 13.17～16.94m，深度范围为 36.71～43.73m。

7.5.1.2 基于空区探测的出矿管理

310 号矿房内回采顺序为自上而下，采用中深孔爆破，回采出矿采用 ST-2D 型 1.9m³ 电动铲运机铲运。回采初期经各出矿平巷及溜井联络道，将铲装的矿石倒入矿石溜井，待矿块上下贯通后，经 −171m 水平底部结构集中出矿，经过溜

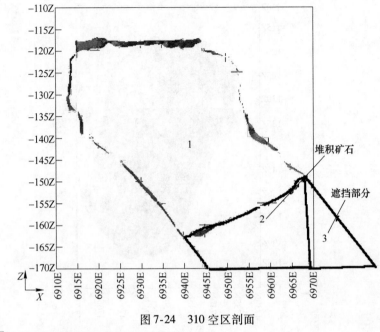

图 7-24 310 空区剖面

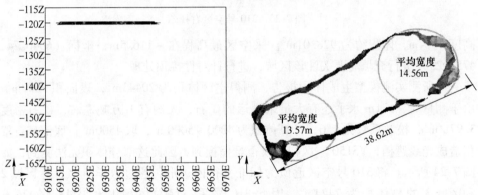

图 7-25 −120m 水平的宽度和深度

井至 −180m 阶段平巷运输，通过 −180m 井底车场，由罐笼提升至地表，经倒装运至选厂。

2013 年 7 月 10 日，−180m 阶段 310 号矿块首炮成功，8 月 22 日，中竖井首次从 −180m 水平提出矿石 700t，标志着东采车间 −180m 阶段充填采矿法正式投产。

截至 2014 年 8 月 31 日，−180m 阶段井下累计出矿量 110332t（毛矿量），井下每月出矿位置及出矿量见表 7-4 和表 7-5。可以看出，矿块回采初期，主要在各分段水平进路进行出矿，随着开采的进行，出矿水平逐渐下移，表明爆破效果良好，矿块上下贯通。矿块回采后期，主要在 −171m 水平底部结构进行出矿。

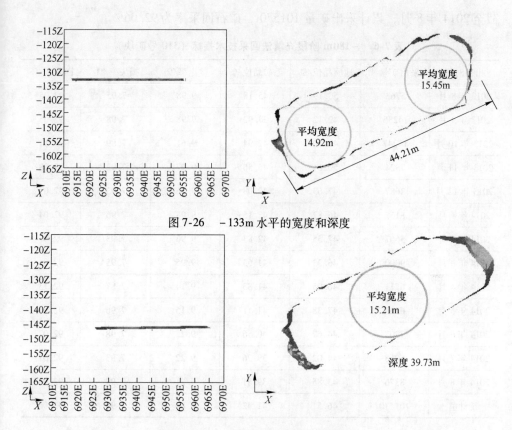

图 7-26 −133m 水平的宽度和深度

图 7-27 −146m 水平的宽度和深度

表 7-4 2013 年 −180m 阶段井下出矿记录汇总 (t)

出矿位置	出矿时间	7 月	8 月	9 月	10 月	11 月	12 月	7 ~ 12 月
310 号	−133m	1305	1710	330				3345
	−146m	780	6594	7734	450			15558
	−159m		435	4779	10440	240		15894
	−171m				1005	7479	3381	8484
合 计		2085	8739	12843	11895	7719	3381	46662

表 7-5 2014 年 −180m 阶段井下出矿记录汇总 (t)

出矿位置	出矿时间	1 月	2 月	3 月	4 月	5 月	6 月	7 月	8 月	1 ~ 8 月
310 号	−171m	9061	6294	9994	7184	7298	7940	6673	9226	63670

310 号矿房分段空场嗣后充填法首采矿块每月采出矿量技术指标见表 7-6,

截至 2014 年 8 月，累计采出矿量 101570t，矿石回采率为 92.06% 。

表 7-6   －180m 阶段充填法回采技术指标（310 号矿块）

出矿时间	采出矿量/t	地质品位/%	毛矿品位/%	贫化率/%	损失率/%	回采率/%
2013 年 8 月	5763	50.19	45.18	9.98	7.95	92.05
2013 年 9 月	14235	42.12	37.92	9.98	7.98	92.05
2013 年 10 月	13247	47.50	42.94	9.61	7.89	92.11
2013 年 11 月	7324	50.61	45.56	9.97	7.92	92.08
2013 年 12 月	2687	47.63	42.08	9.86	7.93	92.07
2014 年 1 月	8157	46.82	42.15	9.98	7.96	92.04
2014 年 2 月	5667	47.55	42.83	9.96	7.93	92.07
2014 年 3 月	9000	46.23	41.63	9.95	7.95	92.05
2014 年 4 月	6711	46.05	41.83	9.14	7.87	92.13
2014 年 5 月	6360	47.38	41.11	9.15	7.96	92.04
2014 年 6 月	7207	44.67	40.56	9.23	7.98	92.02
2014 年 7 月	6058	44.02	39.26	9.22	7.93	92.07
2014 年 8 月	8376	43.85	39.81	9.21	7.97	92.03
统计值	101570	46.51	41.42	9.81	7.94	92.06

7.5.2 优化采场开采顺序

矿体开挖对工程岩体稳定性的影响，主要受实际矿体特性制约，但同时也受矿房回采顺序、结构尺寸、应力环境等因素的影响。大量实践表明，不同的回采顺序和开采过程，围岩具有不同的载荷变化，在整个采矿过程中应力状态和变形状态除材料因素外，主要取决于工程因素。不同的回采顺序使矿柱内的应力状态及稳定性大不相同。

7.5.2.1 优化采场结构参数

影响阶段嗣后充填法运用成功的关键是开挖完一个矿房后，在没有进行充填之前，相邻的矿柱能否维持住整个空场的稳定。从后观音山开挖完 19 号矿房时矿房顶部发生巨大冒落、周边矿体向空区垮冒等现象来看，其客观原因主要是矿体节理、裂隙发育，矿岩稳定性差，块矿与粉矿夹杂。为了使矿房开挖完后相邻矿柱能够维护稳定，有必要对采场的结构参数进行调整。

由于目前开采设计的矿房、矿块尺寸都为 12.5m，且底部结构基本已经形成，所以只能在此基础上缩小矿房尺寸，将矿房尺寸调整为 10m，矿柱尺寸为

15m，先采矿房，后进行充填，矿柱在充填体支承下开采，确保实现安全高效开采。为了研究减小顶板跨度、增大矿柱尺寸时矿房开挖效果，在原矿块尺寸基础上，每个矿块将矿房尺寸调整为10m，矿柱尺寸为15m，如图7-28所示。

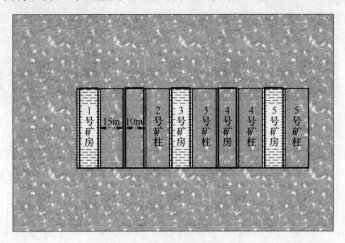

图7-28　采场结构参数优化

　　开挖一个矿房时，从优化后的矿房Y向应力分布图可知，减小顶板跨度后顶部岩体受拉应力作用范围相对减少，底部应力扰动应力圈和塑性变形区域都变小，此时最大变形量由原来的8.3mm缩小到7.0mm，表明小跨度矿房开挖时，无论是从塑性区域还是从变形最大值来比较，都具有明显的优势。

　　为了比较15m宽矿柱和12.5m宽矿柱的支撑效果，分别模拟了两种情况下的围岩变化情况，如图7-29所示。从模拟结果图中可以看出，优化后的顶、底部应力集中区域未形成叠加，这对整个围岩的稳定性起到了保护作用。位移矢量图显示，15m矿柱支撑时，最大位移值为9.0mm；而12.5m矿柱支撑时，最大位移值为13.0mm。从比较的结果可以得出，优化后的采场结构，对矿柱和空区顶板岩体起到了保护作用。

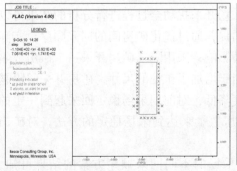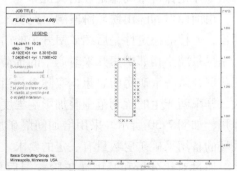

(a)

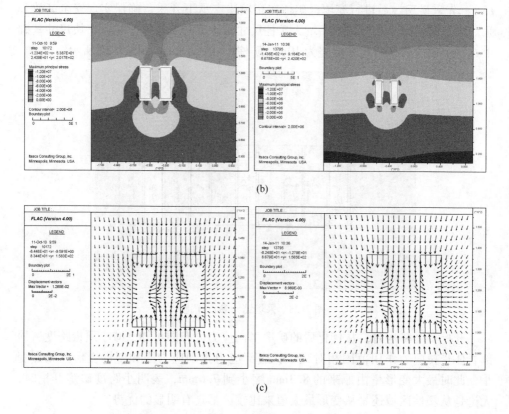

(b)

(c)

图 7-29　采场结构参数优化结果对比

（a）塑性区域对比结果；（b）应力扰动对比；（c）位移矢量效果对比

7.5.2.2　优化采场回采顺序

　　阶段嗣后充填采场的稳定性不仅受矿岩性质、地质结构等客观条件的影响，同时也取决于采场的回采顺序因素。在客观条件一定的情况下，寻求合理的矿房开采顺序是保持采场稳定性的关键。

　　由前面对和睦山铁矿阶段嗣后充填采场开采扰动全过程进行分析的结果可以得出，矿柱的稳定性是后续矿房开采的前提，通过优化矿房间的回采顺序，实际上是尽量减小相邻矿房开采时产生的扰动影响；采用隔二矿房开采一个矿房或隔三矿房开采一个矿房的思想，实际上相当于增加了矿柱的尺寸，矿房开采间隔越大，开采间产生的扰动范围叠加影响程度降低，对前期采场稳定回采起到一定的作用，如图 7-30 所示。采用增加间隔矿房数量来达到采场稳定的方法，对矿山采场的备用采矿矿房数量有一定的要求。

　　通过对比分析和睦山铁矿阶段嗣后采场的不同回采顺序方案的结果可知，如图 7-31 所示，充填完一个矿房后开采相邻矿房时进行对比分析，从 Y 向应

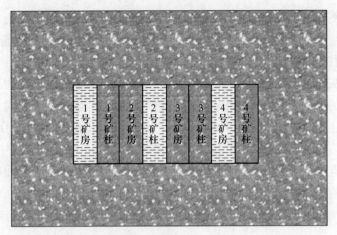

图 7-30 采场回采顺序优化

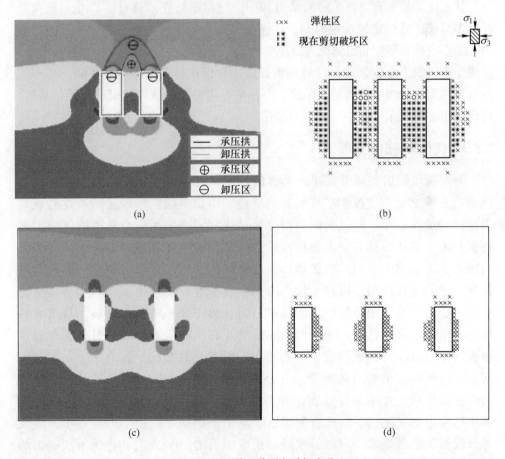

图 7-31 不同回采顺序采场变化
(a), (c) 应力变化区域; (b), (d) 塑性区域

力对比分析图可以得出，虽然矿房最大受力值没有减小，但很大程度上减少了矿房顶底部应力叠加，围岩受力部位、应力集中更均匀。塑性屈服对比可知，采用一个矿柱作为支撑，中间矿柱发生屈服变化的面积比采用二个矿柱时要多；从位移矢量对比图也可得到同样的结果。矿房顶、底板位移方面，隔一个矿柱采相邻的矿房时，扰动对前期采完的矿房稳定性影响大，位移移动区域与前期开采产生叠加，加大位移移动范围；水平方向位移量比采用两个矿柱时大，且矿房发生最大位移区域与矿房开挖推进方向有关。当生产工作连续进行，充填完几个矿房后，"隔一采一"方案对矿柱的破坏程度越加明显，矿房开挖引起的应力集中已连通了整个矿柱，最大应力值达 12.0MPa，应力变化值近 5.0MPa；塑性屈服区域范围也较多；矿房下沉叠加区域增多，整体叠加影响变大。

从上述结果来看，在矿房回采过程中，应尽量防止"孤柱"产生，隔离矿柱越多对矿房开挖稳定性越有利，"隔三采一"回采顺序在引起矿柱、围岩应力、变形变化和塑性屈服情况方面都要优于"隔二采一"方案，但"隔三采一"造成生产组织工作较繁琐，且对后观音山小盘区矿体开采来说，"隔三采一充一"回采矿房很难展开布置，因此，在开采后观音山盘区阶段嗣后充填采场时，建议采用"隔二采一充一"的回采顺序。

7.5.3 优化采场出矿管理

影响阶段嗣后充填采矿法的关键因素是矿柱和采场顶板的稳定性，在空区进行充填之前，支撑的矿柱能否维持稳定决定着嗣后采矿法能否在后观音山矿段的成功应用。从之前的数值计算结果来看，发生应力集中的区域主要在矿柱上，矿柱位移方向主要指向采空区；顶板拉伸区域随着各个分段回采的距离加大而增大。崩落的矿体作为已破坏的散体，对阶段高度的矿柱内壁具有一定的支撑作用，以静水压力考虑，底部至少能产生 $p = rh = 0.9MPa$ 的横向挤压力。当各个分段分步回采矿石时，由于采用中深孔爆破，每次爆破炸药用量大，临时储存在采场内的崩落的矿石能有效减缓爆破对采场围岩及顶板的振动破坏。顶板的破坏与其暴露的时间长短相关，若采用上、下分段回采，按照和睦山的回采速度，一个采场采完需要 63d，而采用上、下分段同时滞后回采，遵循分段爆破，底部集中出矿的原则，只需 33d，因此在底部进行集中出矿之前，应充分利用已崩落松散的矿石。在生产过程中，建议各分段根据松散系数，只出每次爆破崩落矿石的 30% 左右，作为下次爆破的补偿空间，剩余的矿石在各个分段爆破完之后再集中出矿，如图 7-32 和图 7-33 所示。

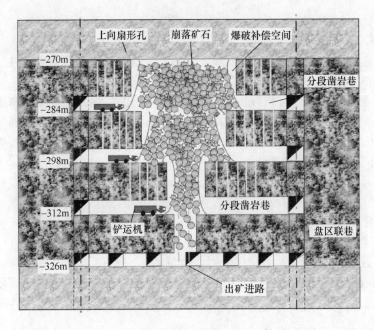

图 7-32 出矿示意图

阶段嗣后充填法矿体回采顺序规划方案					
序号	名称	爆破 /d	一分段回采时间顺序 1 2 3 4 5 6 7 8 9 … 20 21	二分段回采时间顺序 1 2 3 4 5 6 7 8 9 … 20 21	三分段回采时间顺序 1 2 3 4 5 6 7 8 9 … 20 21
方案一	上下分段依次回采	63	——————————	- - - - - - - - - - - -	—·—·—·—·—·—
方案二	下分段滞后回采	33	————————	- - - - - - - -	
备注		矿块长 50m，间柱宽 8m，回采长度 42m，每次爆破 2m，以 1 次 /d计算，每分段需 21d；上向中深孔凿岩，微差挤压爆破，分段只出每次爆破量的 1/3~1/2，为下排爆破提供自由空间，底部集中出矿，减少顶部围岩暴露面积与时间，以维持采场空区进行充填之前的稳定性。			

图例　———— 一分段回采时间　- - - - 二分段回采时间　—·—· 三分段回采时间

图 7-33 出矿时间顺序对比方案

7.6 充填采场稳定性监测

7.6.1 监测目的与原则

7.6.1.1 监测的目的

引起巷道变形的因素众多，如矿岩本身的力学性质，巷道布置形式、位置，支护方式、质量，附近工程开挖造成的扰动等。巷道表面监测主要监测巷道在生产期间两帮收敛、顶板下沉、底臌量；而应力监测主要为获得巷道在邻近矿房开挖过程中，对巷道围岩应力的扰动大小。

为了研究后观音山矿段在开采过程中暴露的巷道片帮、垮冒和变形破坏问题，现场采用数显收敛计、钻孔应力计监测采场、巷道关键部位的变形、应力变化规律。

7.6.1.2　监测点布置原则

现场监测是采矿过程中的重要环节，同时也是实际情况的真实反映，因此应当进行精心的设计，一般需遵循以下设计原则：

（1）重点突出、全面兼顾的原则。首先，找出主要决定顶板、巷道、围岩稳定性的指标和主要影响因素，对其进行重点监测；其次，监测点的布置既要保证监测系统对整个边坡的覆盖，又要确保关键部位和敏感部位的监测需要，在这些重点部位应优先布置监测点。

（2）及时有效、安全可靠的原则。监测系统应及时埋设、及时观测、及时整理分析监测资料和及时反馈监测信息，反映工程的需要和进度，有效地反馈开采过程的变形情况，及时指导生产。仪器安装和测量过程应当确保安全，测量方法和监测仪器以及整个监测系统应具有较强的可靠性。

（3）方便易行、经济合理的原则。监测系统应当便于现场操作和分析，适合长期观测。监测系统应充分利用现有设备、仪器，在满足工程实际需要的前提下尽可能考虑造价的合理性，建立监测系统费用应比较低，力争经济适用。

7.6.2　监测钻孔及断面类型

变形收敛监测是通过测量巷道变形来研究其稳定性程度的一种重要手段，为了研究后观音山矿段巷道的稳定程度，采用 JASS30-15 数显收敛计对其进行长期监测。变形监测断面共有 12 个，分别在 −162.5m 分段的 3 号联络巷 19 号矿房、2 号联络巷 5 号矿房、1 号联络巷 26 号矿房壁和 2 号矿房上，2 个应力点布置在 2 号矿房矿柱上；−187m 和 −175m 阶段的点布置在与 −162.5m 阶段对应的位置上。具体位置如图 7-34 所示。

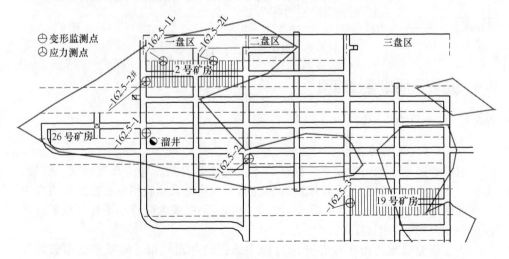

图 7-34　−162.5m 水平监测点布置

应力监测采用 KSE-Ⅱ-1 型钻孔应力计,见表 7-7。KSE-Ⅱ-1 型钻孔应力计是由压力传感器和数字显示仪(KSE-Ⅱ型钢弦测力仪)组成的分离型钢弦振动式测频数字仪器,压力传感器的钻孔压力枕采用充油膨胀的特殊结构,具有工作性能稳定,长期测量不漂移,测量值不失真,适合各种恶劣环境条件等特点。

表 7-7 安装传感器初始型号

传感器型号	监测点号	初始频率/Hz	C 值	长度/m
KSE-Ⅱ-1 钻孔应力计	−187-1L	1956	1.623×10^{-5}	3
	−187-2L	1967	1.830×10^{-5}	3
	−175-1L	1947	1.785×10^{-5}	3
	−175-2L	1939	1.908×10^{-5}	3
	−162.5-1L	1966	1.972×10^{-5}	3
	−162.5-2L	1984	1.794×10^{-5}	3

钻孔类型分变形钻孔、顶板离层仪与钻孔应力计钻孔,钻孔类型与要求如下:

(1)钻孔规格。钻孔深度分为两类,变形监测的孔深约为 30cm,应力监测的孔深约为 3.5m,都采用 45mm 钻头。应力监测的钻孔打完后应用高压风清洗,以防留有碎块。变形监测孔数共计 36 个,应力监测孔数共计 6 个。

(2)监测断面规格。各点的具体位置在监测布置图中,一个变形监测断面有 3 个点,1 个布置在巷道顶板中心,其他 2 个分别在巷道壁上,距底板 1.2m;应力点布置在距底板 1.2~1.5m 高的巷道壁上。

(3)数据收集。安装完毕后,计划每周进行一次应力数据收集,每两周进行一次变形数据记录。最后根据收集的信息,分析情况并提供合理的建议与措施。记录每次监测的结果,根据指定的位置与编号,填入表内。监测结果见表7-8 和表7-9。

表 7-8 应力监测记录表 (Hz)

监测号	−187-1L	−187-2L	−175-1L	−175-2L	−162.5-1L	−162.5-2L
初始值	1956	1967	1947	1939	1966	1984
2010 年 4 月 5 日	1886	1886	1885	1883	1842	1922
2010 年 5 月 12 日	1889	1891	1887	1892	1847	1926
2010 年 6 月 28 日	1883	1898	破坏	1895	1929	—

表7-9　各监测断面水平变形值　　　　　　　　（m）

位置 ＼ 日期	2010年4月9日	2010年5月12日	2010年6月28日	备　注
-187-1断面	3.1154	3.1126	3.1105	收敛5mm
-187-3断面	2.6799	2.6794	2.6794	没变化
-175-1断面	2.5259	2.5268	2.2563	没变化
-175-2断面	3.2250	3.2160	3.2141	收敛11mm
-175-3断面	2.4087	2.4031	2.4022	收敛6.5mm
-162.5-2断面	2.8070	2.8012	2.8034	收敛3.6mm
-162.5-3断面	2.5640	2.5645	2.5643	没变化
-187-2#断面	3.0250	3.0265	3.0250	没变化
-162.5-2#断面	2.6279	2.6277	2.6436	扩大13.0mm

注：带"#"的断面表示在相邻矿房的凿岩巷道里。

7.6.3　监测结果与分析

7.6.3.1　变形结果分析

从表7-9中可以看出，各断面位置不同，变形量也不同；从3个分段的监测断面变形量比较得出，-175-2#断面处的变形量较大，巷道断面收敛值达11mm，该点位于5号矿凿岩巷与2盘区联络道的间柱上，应为在该时间段内5号矿房采空，未及时充填所致。其他断面相对变形量较小，说明后观音山矿段巷道破坏主要由于巷道所处矿岩环境破碎，节理发育，通常的破坏属于局部破坏，不属于构造应力大造成巷道压缩变形。

从表7-10中可以看出，凿岩巷道里监测的断面两壁距离都增大，-162.5-2#断面增加值达13mm，这主要是由于2号矿房回采，矿柱单壁向空区发生了移动，此时相邻矿房稳定性差，这与1号矿房已向空区移动的事实恰好相符。

表7-10　凿岩巷道水平收敛值　　　　　　　　（m）

日　期	-187-2#断面	-175-2#断面	-162.5-2#断面
2010年4月9日	3.0250		2.6279
2010年5月12日	3.0265	破坏	2.6277
2010年6月28日	3.0250		2.6436
变化值	没变化		扩大13.0mm

7.6.3.2　应力结果分析

现场测量的是钢弦应力计的频率，需转化为压力值，转换公式如下：

$$F = C(f_0^2 - f_n^2) \tag{7-1}$$

式中　C——压力传感器的标定系数；

　　　f_0——压力传感器的初始频率值，Hz；

　　　f_n——压力传感器安装后的频率值，Hz，数字显示仪自动采集；

　　　F——压力计的测量值，MPa。

将表 7-11 中的测试的频率代入式（7-1）中可以求得各应力点的压力变化值，如图 7-35 所示。矿房回采对矿柱应力影响较大，各监测点应力变化值呈现向上增加趋势，说明开采活动造成了应力增加；不同分段位置矿柱应力增加值不同，其中，－175m 分段两个监测点的应力增幅最大，最大应力增加值达 2.8MPa，这是由于 2 号矿房此时的爆破回采主要位于 －175m 阶段。而 －187m 监测的主要是底部结构矿柱上的应力。

表 7-11　应力监测记录表　（MPa）

监　测　号	－187-1L	－187-2L	－175-1L	－175-2L	－162.5-1L	－162.5-2L
初始值（2010 年 3 月 26 日）	6	6	6	6	6	6
2010 年 4 月 5 日	4.4	5.7	4.2	4.1	9.3	－1.9
2010 年 5 月 12 日	4.2	5.4	4.1	3.4	8.9	－2.1
2010 年 5 月 21 日	—	—	3.5	3.4	3.1	3.2
2010 年 6 月 28 日	4.5	4.8	—	3.2	2.8	—

各测点应力变化

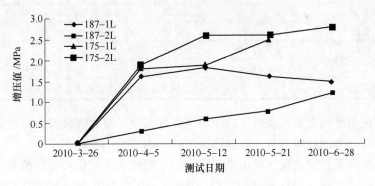

图 7-35　各测点应力变化值

根据 2 号矿房的爆破回采时间顺序，－175m 分段从 4 月 6 日开始回采，5 月 13 日退采到 －175-1L 点位置，5 月 15 日退采到 －175-2L 位置；－187m 分段爆破从 5 月 20 日开始，6 月 3 日退到 －187-2L 位置。从图 7-35 看出，－175m 分段处两个监测点应力随爆破回采距离的临近而增加，－175-1L 点应力增加值较大，说明矿房在回采过程中应力转移到矿柱上。－187-1L 应力曲线呈先上升而后呈下降趋势，主要是因为这段时间内矿柱边上有条出矿进路在掘进。－187m 分段的两个点的应力缓慢增加阶段的应力变化曲线,比 −175m 应力变化曲线滞后。

7.7　和睦山铁矿高浓度胶结充填技术应用

7.7.1　充填体强度选择

从第 6 章的研究内容可以得出,采场充填体强度的选择不仅与采场开采强度、开采深度、地质环境等因素相关,同时还与充填体配比、充填质量相关。充填体动态匹配设计强度必须满足以下两条件:一是要满足充填体自身稳定性要求;二是满足多因素条件下的三向应力强度准则。

根据已取得的研究成果,计算出满足和睦山铁矿 −150m 水平采场长度分别为 50m 和 25m 时,充填体自立性所需的充填体强度值分别为 0.36MPa 和 0.25MPa;而充填质量达到 Ⅱ 级（充填质量好）的充填体（$3.5 < m < 12.5$, $s = 0.1$）,计算出所需强度值为 0.94MPa,见表 7-12,比设计院原推荐的 2～3MPa 要低 50%。

表 7-12　开采深度 180m、采场长度 50m 时充填体强度与
充填质量常数之间关系　　　　　　　（MPa）

充填体强度 分级	非常高	很高	高	一般	低
	从左向右随着充填质量提高,所需的充填体强度降低				
Ⅰ 级	$\sigma_c = 0.38$	$\sigma_c = 0.32$	$\sigma_c = 0.24$	$\sigma_c = 0.22$	$\sigma_c = 0.16$
Ⅱ 级	$\sigma_c = 0.94$	$\sigma_c = 0.73$	$\sigma_c = 0.52$	$\sigma_c = 0.46$	$\sigma_c = 0.32$
Ⅲ 级	$\sigma_c = 1.63$	$\sigma_c = 1.32$	$\sigma_c = 1.16$	$\sigma_c = 1.04$	$\sigma_c = 0.93$
Ⅳ 级	$\sigma_c = 4.69$	$\sigma_c = 3.64$	$\sigma_c = 2.60$	$\sigma_c = 2.32$	$\sigma_c = 1.62$
Ⅴ 级	$\sigma_c = 6.07$	$\sigma_c = 5.78$	$\sigma_c = 5.34$	$\sigma_c = 5.17$	$\sigma_c = 4.75$
计算结果	充填体高 37m 时,满足自立性强度值为 0.36MPa				

从理论角度确定不同条件下的充填体匹配强度,可以直接减少因选择充填体强度过剩而产生的成本浪费,从而可以节约矿山充填的总成本。

充填成本是影响充填法矿山生产成本的主要因素,矿山和设计研究院通常借鉴建筑工程中混凝土的标准（GB 175—1999）,认为充填体 3d 的抗压强度就可达到 28d 的 50% 以上,而 7d 的抗压强度可达到 28d 的 70%～80% 以上,在选择充填体的强度值时,皆以 28d 龄期强度值作为参考值。通过第 3 章研究内容可以得出,随着尾砂中细、超细颗粒含量的增加,全尾砂的力学特性也在发生一定的变化,特别是充填体的长期强度;对于一些对充填体早期强度要求不高的充填法,充填体的长期强度特性对充填体强度值的确定具有重要的指导意义。

和睦山铁矿后观音山矿段采用阶段嗣后充填,其尾砂来源主要有选矿厂的混合矿全尾砂及红矿全尾砂,粒径分布特点见表 7-13 和表 7-14。从表 7-13 和表 7-

14 中可以看出，全尾砂中细颗粒含量多，从粒径分布特点上看基本已属于超细尾砂范围。

表7-13　和睦山铁矿全尾砂粒径分布表

粒径/μm	−5	−10	−20	−50	−75	−100	−150	−180	+180
累计/%	30.36	50.47	65.6	81.53	93.85	94.85	100	100	100

表7-14　和睦山铁矿全尾砂粒径参数特征

材料来源	中值粒径 $d_{50}/\mu m$	平均粒径 $d_j/\mu m$	不均匀系数 C_u	曲率系数 C_c	静态极限沉降浓度 $C_1/\%$
姑山混合矿	9.51	31.87	8.3	1.082	61.4
姑山矿红矿	5.36	11.15	9.5	1.109	70.1

假如矿山仍按照以往选择充填体强度的选择思路，以28d龄期充填体强度值作为选择标准，通过上述计算，满足和睦山铁矿后观音山−180m水平采场所需的充填体强度为0.94MPa，见表7-15。从表7-15可以看出，灰砂比为1:4、浓度64%时充填体28d的强度为0.661MPa，仍然达不到采场设计要求，但如果考虑充填体的长期强度特性，同样条件下的充填体强度在60d时，其强度值为1.18MPa，可以满足采场充填体强度设计要求。同时通过本书作者前面的研究表明，高配比的超细全尾砂在90d龄期内，其强度增长值仍保持较高的增长率。考虑充填体的强度长期特性，可直接降低采场对充填体的灰砂配比要求，从而可降低矿山充填成本。

表7-15　不同条件下混合矿充填体强度值

序　号	灰砂配比	浓度/%	3d/MPa	7d/MPa	28d/MPa	60d/MPa
1	1:4	58	0.087	0.190	0.406	0.71
2	1:4	61	0.101	0.216	0.519	0.88
3	1:4	64	0.149	0.257	0.661	1.18
4	1:6	58	0.063	0.101	0.250	0.40
5	1:6	61	0.088	0.153	0.360	0.60
6	1:6	64	0.102	0.204	0.441	0.708
7	1:8	58	0.053	0.101	0.180	0.328
8	1:8	61	0.087	0.149	0.253	0.453
9	1:8	64	0.101	0.418	0.337	0.597
10	1:12	58	0.049	0.053	0.094	0.19
11	1:12	61	0.051	0.067	0.098	0.21
12	1:12	64	0.061	0.143	0.163	0.32

7.7.2　现场充填实践

后观音山矿体中夹石含量高,矿体非常复杂,其连续性、均匀性又差,如 2 号矿体局部中断,局部又与 3 号矿体相连,矿房均不同程度分布夹石,在计算可采矿量时,厚度大于 2m 的夹石均剔除。 −200m 中段 (−187m ~ −150m) 矿房可采矿量总计约 84.2 万吨,见表 7-16,矿房磁性率平均大于 70%,以混合矿为主,块状构造,局部层纹状、角砾状构造,稳定性中等。截至 2011 年 12 月底已回采矿石约 35.02 万吨,还剩余可采矿石储量 49.18 万吨,见表 7-17。

表 7-16　后观音山矿段矿房可采矿量

矿房号	可采矿量/万吨	地质品位/%	矿房号	可采矿量/万吨	地质品位/%
1 号	3.4	32.8	17 号	2.4	33
2 号	5.8	34	18 号	3.1	29
3 号	1.2	32.2	19 号	4.0	35
4 号	4.3	32	20 号	4.5	36.6
5 号	4.8	34	21 号	2.8	31
6 号	6.8	38	22 号	1.7	28.6
9 号	2.3	37	23 号	1.2	28.5
10 号	2.0	—	24 号	5.2	32.5
11 号	2.6	—	25 号	3.5	33.0
12 号	3.8	—	26 号	6.0	33.5
13 号	6.9	36	27 号	4.0	33.2
14 号	1.9	—	总计	84.2	

表 7-17　矿房采出矿石量

矿 房 号	回采矿量/万吨
1 号	3.3
2 号	5
5 号	6.11
14 号	1.74
18 号	2.03
19 号	4.31
24 号	5.12
26 号	7.41
合 计	35.02

和睦山铁矿后观音山矿段自采用充填法开采以来，结合采场实际生产能力，通过强化员工培训、改造砂仓、加强料浆二次活化造浆、优化采场封堵方式以及采场回采与充填顺序等措施，有效地解决了生产过程中的一系列问题，2011 年试充填期间累计充填量达 83130m³，月平均充填量达 6927m³，见表 7-18，给企业带来了相当可观的实际经济效益，现场充填效果如图 7-36 和图 7-37 所示。

表 7-18　2011 年累计充填量

月　份	1 月	2 月	3 月	4 月	5 月	6 月	平均
月充填量/m³	5860	5630	6820	5900	6280	5890	6063
月　份	7 月	8 月	9 月	10 月	11 月	12 月	平均
月充填量/m³	7680	7540	7840	7880	7950	7860	7792
累计充填量/m³	83130						6927.5

图 7-36　阶段嗣后采场充填挡墙

图 7-37　充填体现场

封堵方式的优化,改善了充填跑浆现象,减少了采场及沉淀池的清淤工作。原 8 人的清淤队伍精简为 2 人,人均工资 2500 元。年节约工资 12×2500×(8 - 2)=18 万元。

模板可循环使用,降低了封堵费用,期间可节约近 138 面挡墙封堵费用。原始砖墙封堵材料及人工费用为 3000 元/面,现有 10 套模板(成本 3000 元/面),节约成本 3000×138 - 10×3000 = 38.4 万元。

每充填 1m³ 充填料需人工材料费 190 元,充填跑浆量减少了 1.5%,期间充填量为 47000m³,节约充填料约 47000×1.5%×190 = 13.4 万元。

参 考 文 献

[1] 普红. 我国矿产资源综合利用现状及对策分析 [J]. 露天采矿技术, 2010 (3): 70~72.

[2] 秦豫辉, 田朝晖. 我国地下矿山开采技术综述及展望 [J]. 采矿技术, 2008, 8 (2): 1~2.

[3] 赵海军, 马凤山, 李国庆, 等. 充填法开采引起地表移动、变形和破坏的过程分析与机理研究 [J]. 岩土工程学报, 2008, 30 (5): 670~676.

[4] Bluhms, Biffim. Variation in ultra-deep, narrow reef stoping configuration and effects on cooling and ventilation [J]. The journal of the south African institute of mining and metallurgy, 2001, 101: 127~134.

[5] 张传信. 空场嗣后充填采矿方法在黑色金属矿山的应用前景 [J]. 金属矿山, 2009 (11): 257~260.

[6] 于润沧. 我国胶结充填工艺发展的技术创新 [J]. 2010, 39 (5): 1~3.

[7] Vdd J E. Backfill research in Canadian mines. In: Hassani F P, Scoble M J, Yu T R, et al. Innovations in mining backfill technology [M]. Brookfield (USA): Balkema publishes, 1989: 3~14.

[8] Grice A G. Fill research at Mount Isa mines limited. In: Hassani F P, Scoble M J, Yu T R, et al. Innovations in mining backfill technology [M]. Brookfield (USA): Balkema publishers, 1989: 15~22.

[9] 杨根祥. 全尾砂胶结充填技术的现状及其发展 [J]. 中国矿业, 1995, 4 (2): 40~45.

[10] Biswas K, Jung S J. Review of current high density paste fill and its technology [J]. Mineral Resources Engineering, 2002, 11 (2): 165~182.

[11] Richard Brummer, Allan Moss. The fill of the future [J]. Canadian Mining Journal, 1991 (11): 31~35.

[12] Helms W. The development of backfill techniques in German metal mines during the past decades [J]. Minefill 93 proceedings, 1993: 323~331.

[13] Cowling R. Twenty-five years of mine filling-developments and directions [C]//Sixth International Symposium on Mining with Backfill. Brislane, 1998: 3~10.

[14] Nantel J. Recent developments and trends in backfill practices in Canada [C]//Sixth International Symposium on Mining with Backfill. Brislane, 1998: 11~14.

[15] 刘同有, 等. 充填采矿技术与应用 [M]. 北京: 冶金工业出版社, 2001.

[16] 李冬青. 我国金属矿山充填技术的研究与应用 [J]. 采矿技术, 2001, 1 (2): 16~19.

[17] 周爱民. 中国充填技术概述 [C]. 第八届国际充填采矿会议论文集, 2004.

[18] 高士田. 我国矿山胶结充填技术现状及改进方向 [J]. 有色矿山, 1996 (4): 1~4.

[19] 鲍勇峰, 过江, 彭续承. 铁铝型高水速凝全尾砂充填材料的试验研究 [J]. 中南工业大学学报, 1998, 29 (6): 531~534.

[20] He Zhexiang, Zhou Aimin, Shi Shengyi. Research and apllication of total tailings backfill at Zhangmatun Iron Mine [C]//Sixth International Symposium on Mining with Backfill. Brislane, 1998: 221~225.

[21] Zhou Chengpu, Liu Dayong, Wei Kongzhang, et al. Recent development of cemented filling technique in Jinchuan Non-ferrous Metals [C]//Complex Proceedings of the International Conference on Mining and Metallurgy of Complex Nickel Ores, 1993.

[22] Liu Tongyou, Zhou Chengpu. Characteristics of In-situ stress state and control of ground pressure in Jinchuan Nickel Mine [C]//International Symposium on Rock Stress. kumamoto, 1997.

[23] Liu Tongyou, Zhou Chengpu, Cai Sijing. New development of cemented fill technology in the metal mines [C]//China 6th International Symposium on Mining with Backfill, 1998.

[24] Liu Tongyou, Zhou Chengpu, Yu Runchang, et al. The development of consolidated-filling technology in Jinchun Nickel Mine [C]//China 7th International Symposium on Mining with Backfill, 2001.

[25] 蔡嗣经. 矿山充填力学基础 [M]. 北京：冶金工业出版社, 2009.

[26] 谢和平, 刘夕才, 王金安. 关于 21 世纪岩石力学发展战略的思考 [J]. 岩土工程学报. 1996, 18 (4): 98~102.

[27] 许毓海, 许新启. 高浓度（膏体）充填体流变特性及自流输送参数的确定 [J]. 矿冶, 2004, 13 (3): 16~20.

[28] 孙恒虎, 黄玉诚, 杨宝贵, 等. 当代胶结充填技术 [M]. 北京：冶金工业出版社, 2002.

[29] 赵龙生, 孙恒虎, 孙文标, 等. 似膏体料浆流变特性及其影响因素分析 [J]. 中国矿业, 2005, 14 (10): 45~48..

[30] 于润沧. 采矿工程师手册 [M]. 北京：冶金工业出版社, 2009.

[31] Turian R M, Ma T W, et al. Characterization settling and rheology of concentrated fine particulate mineral slurruies [J]. Powder Technology, 1997, 93: 219~233.

[32] 郭小阳, 刘崇建. 非牛顿液体流变模式的研究 [J]. 天然气工业, 1997, 17 (4): 43~48.

[33] 王五松. 膏体充填流变特性及工艺研究 [D]. 辽宁：辽宁工程技术大学, 2004.

[34] Pullum L. Pipelining tailings, pastes and backfill [J]. Paste, 2007: 113~125.

[35] 李克文, 沈平平. 原油与浆体流变学 [M]. 北京：石油工业出版社, 1994.

[36] 门瑞营. 平里店矿区尾砂胶结材料及充填系统研究 [D]. 北京：北京科技大学, 2011.

[37] 陈琴瑞. 羊拉铜矿膏体上杨式泵送充填摩阴损失研究 [D]. 北京：北京科技大学, 2011.

[38] 于润沧, 刘大荣, 魏孔章, 等. 全尾砂膏体充填料泵压管输的流变特性 [C]. 第二届中日浆体输送技术交流论文集, 1998.

[39] 彭继承. 充填理论及应用 [M]. 长沙：中南工业大学出版社, 1998.

[40] 于润沧. 料浆浓度对细砂胶结充填的影响 [J]. 有色金属, 1984, 36 (2): 6~11.

[41] 王新民, 肖卫国, 王小卫, 等. 金川全尾砂膏体充填料浆流变特性研究 [J]. 矿冶工程, 2002, 22 (3): 13~16.

[42] 杨根祥. 全尾砂高浓度充填料浆的流变特性 [J]. 沈阳黄金学院学报, 1995, 14 (2): 143~147.

[43] Brown E T, Brady B H G. 地下采矿岩石力学 [M]. 冯树仁, 余诗刚等译. 北京：煤炭工

业出版社，1986.

[44] Yamaguchi U, Yamatomi J. A consideration on the effect of backfill for ground stability［C］// Proceeding of the Internat. Symp. on Mining with Backfill. Lulea, 1984.

[45] Yamaguchi U, Yamatomi J. An experiment study to investigate the effect of backfill for the ground stability［C］//Innovation in mining backfill technology, Hassani et al, 1989, Balkema, Rotterdam.

[46] Merno O, et al. The support capabilities of rock fill experiment study［C］//Application of rock mechanics to cut-and-fill mining. Inst. Min. Met, Longdon, 1981.

[47] Blight G E, Clarke I E. Design and properties of stiff fill for lateral support［C］//Proceedings 4th Internation Symposium on Mining with Backfill. Montreal, 1989.

[48] Swan G, Board M. Fill-induced post-peak pillar stability［C］// Innovation in mining backfill technology, Hassani et al, 1989, Balkema, Rotterdam.

[49] 于学馥. 岩石记忆与开挖理论［M］. 北京：冶金工业出版社，1993.

[50] 周先明. 金川二矿区 2#矿体大面积充填体——岩体稳定性有限元分析岩［J］. 石力学与工程学报，1993，12（2）：95～98.

[51] 于学馥. 信息时代岩石力学与采矿计算初步［M］. 北京：科学出版社，1991.

[52] 郭金刚. 综采放顶煤工作面高冒空巷充填技术［J］. 中国矿业大学学报，2002，319（6）：625～111.

[53] 柏建彪，侯朝炯，张长根，等. 高水材料充填空巷的工业性试验［J］. 煤炭科学技术，2000，10：30～31.

[54] 刘志祥，李夕兵. 爆破动载下高阶段充填体稳定性研究［J］. 矿冶工程，2003，2（3）：21～24.

[55] 李夕兵，古德生. 岩石冲击动力学［M］. 长沙：中南工业大学出版社，1994.

[56] Hu K X, Kemeny J. Fracture mechanics analysis of the effect of backfill on the stability of cut and fill mine workings［J］. International Journal of Rock Mechanics and Mining Science, 1994, 31（3）：231～241.

[57] Johnson R A, York G. Backfill alternatives for regional support in ultra-depth South African gold mines［C］//Australasian Institute of Mining and Metallurgy Publication, 1998：239～244.

[58] Gurtunca R G, Adams D J. Rock-engineering monitoring programme at West Driefontein Gold Mine［J］. Journal of The South African Institute of Mining and Metallurgy, 1991, 91（12）：423～433.

[59] Gundersen R E. Hydro-power extracting the coolth［J］. Journal of The South African Institute of Mining and Metallurgy, 1990, 90（5）：103～109.

[60] Jones M Q W, Rawlins C A. Thermal properties of backfill from a deep South African gold mine［J］. Journal of the Mine Ventilation Society of South African, 2001, 54（4）：100～105.

[61] 倪彬. 提高金川二矿区胶结充填体稳定性的试验研究［D］. 长沙：中南大学，2004.

[62] Heam B O, Swan G. The use of models in sill mat design at Falconbridge［C］//Innovation in Mining Backfill Technology, Hassanni et al, 1989, Balkema, Rotterdam.

[63] Karuland N, Stille H. Rock-mechanics investigation of undercut and fill mining at the Garpen-berg Mine [C]//MINEFILL 93. Johannesburg, SAIMM, 1993.

[64] Terzaghi K, Peck R B, Soil mechanics in engineering practice [M]. New York: John Wiley & Sons, Inc. , 1967.

[65] Terzaghi K. Theoretical soil mechanics [M]. New York John Wiley & Sons, Inc. , 1943.

[66] Baldwin G, Grice A G. Engineering the New Olympic Dam backfill system [C]//Proceedings MassMin 2000, 2000: 705 ~ 711.

[67] 孙恒虎, 刘文永, 黄玉诚, 等. 高水固结充填采矿 [M]. 北京: 机械工业出版社, 1998.

[68] 华心祝, 孙恒虎. 下向进路高水固结尾砂充填主要参数的研究 [J]. 中国矿业大学学报, 2001, 30 (1): 99 ~ 101.

[69] 韩斌. 金川二矿区充填体可靠度分析与1#矿体回采地压控制优化研究 [D]. 长沙: 中南大学, 2004.

[70] 崔刚, 陈文楷, 段鸿杰. 胶结充填料浆合理配比的确定 [J]. 中国矿业大学学报, 2004, 33 (3): 311 ~ 313.

[71] 刘志祥, 李夕兵. 尾砂分形级配与胶结强度的知识库研究 [J]. 岩石力学与工程学报, 2005, 24 (10): 1789 ~ 1793.

[72] 刘志祥, 李夕兵, 戴塔根, 等. 尾砂胶结充填体损伤模型及与岩体的匹配分析 [J]. 岩土力学, 2006, 27 (9): 1442 ~ 1446.

[73] Nasir O, Fall M. Shear behavior of cemented pastefill-rock interfaces [J]. Engineering Geolo-gy, 2008 (101): 146 ~ 153.

[74] 彭志化. 胶结充填体力学强度尺寸效应 [J]. 2009, 18 (7): 88 ~ 90.

[75] 邓代强, 高永涛, 吴顺川, 等. 粗骨料胶结充填体材料性能研究 [J]. 昆明理工大学学报, 2009, 34 (6): 73 ~ 76.

[76] 姚ː全, 张钦礼, 胡冠宇. 充填体抗拉强度特性的试验研究 [J]. 南华大学学报 (自然科学版), 2009, 23 (3): 10 ~ 13.

[77] 邓代强, 高永涛, 吴顺川, 等. 水泥尾砂充填体劈裂拉伸破坏的能量耗散特征. 北京科技大学学报, 2009, 31 (2): 145 ~ 148.

[78] 邓代强, 高永涛, 吴顺川, 等. 复杂应力下充填体破坏能耗试验研究 [J]. 2010, 31 (3): 737 ~ 742.

[79] 陈庆发, 周科平. 低标号充填体对采矿环境结构稳定性作用机制研究 [J]. 岩土力学, 2010, 31 (9): 2811 ~ 2816.

[80] Bloss M, Revell M. Cannington paste fill system-achieving demand capacity. In: Australian Institute of Mining and Metallurgy [M]. MassMin 2000, Australasian Institute of Mining and Metallurgy Publication, 2000: 713 ~ 919.

[81] 许毓海. 尾砂中硫化物对充填体质量影响研究 [J]. 矿业研究与开发, 2009, 29 (5): 4 ~ 6.

[82] 杨宝贵, 孙恒虎, 单仁亮. 高水固结充填体的抗冲击特性 [J]. 煤炭学报, 24 (5): 485 ~ 488.

[83] 王发芝, 朱应胜, 惠林. 影响冬瓜山铜矿充填质量的因素探讨 [J]. 2006, 6 (2): 11~12.

[84] 李庶林, 桑玉发. 尾砂胶结充填体的破坏机理及其损伤本构方程 [J]. 黄金, 1997, 18 (1): 24~29.

[85] 吴爱祥, 杨盛凯, 王洪江, 等. 超细全尾膏体处置技术现状与趋势 [J]. 采矿技术, 2011, 11 (3): 4~8.

[86] 王洪江, 吴爱祥, 陈进, 等. 全尾砂-水淬渣膏状物料可泵性指标优化 [J]. 采矿技术, 2007, 7 (3): 15~17.

[87] 王勇, 王洪江, 吴爱祥, 等. 细粒尾矿泌水特性及其影响因素 [J]. 黄金, 2011, 32 (9): 51~54.

[88] 翟永刚, 吴爱祥, 王洪江. 全尾砂膏体料浆的流变特性研究 [J]. 金属矿山, 2010 (12): 30~33.

[89] 王劼, 杨超, 张军. 膏体充填管道输送阻力损失计算方法究 [J]. 金属矿山, 2010 (12): 33~36.

[90] 翟永刚. 全尾砂-水淬渣充填膏体管道自流输送阻力研究 [D]. 北京: 北京科技大学, 2011.

[91] 刘同有. 金川全尾砂膏体物料流变特性的研究 [J]. 中国矿业, 2001, 10 (1): 14~20.

[92] 刘晓辉, 吴爱祥, 王洪江, 等. 膏体充填尾矿浓密规律初探 [J]. 金尾矿山, 2009 (9): 38~41.

[93] 姚燕, 王玲, 田培. 高性能混凝土 [M]. 北京: 化学工业出版社, 2006.

[94] 赵有生. 矸石-粉煤灰高浓度充填料浆输送研究 [D]. 北京: 中国矿业大学 (北京), 2014.

[95] Xu Y F. Fractal structure of soils-a case study [A]. Shen Zhujiang. Proceeding of 2nd internal conference on soft soil engineering [C]//Nanjing: Hehai university press, 1996: 78-83.

[96] 特科特 D L. 分形与混沌 [M]. 陈颙, 郑捷, 季颖译. 北京: 地震出版社, 1993.

[97] 徐永福, 刘斯宏, 董平. 粒状土体的结构模型 [J]. 2001, 22 (4): 366~372.

[98] 徐永福, 孙婉莹, 吴正根. 我国膨胀土的分形结构研究 [J]. 河海大学学报 (自然科学版), 1997, 25 (1): 17~23.

[99] 冯力. 回归分析方法原理及 SPSS 实际操作 [M]. 北京: 中国金融出版社, 2004.

[100] 璩世杰, 辛明印, 毛市龙, 等. 岩体可爆性指标的相关性分析 [J]. 岩石力学与工程学报, 2005, 24 (3): 468~473.

[101] Benzaazous M, Fall M, Belem T. A contribution to understanding the hardening process of cemented paste backfill [J]. Minerals Engineering, 2004 (17): 141~152.

[102] Fall M, Benzaazous M, Ouellet S. Experiment characterization of the influence of tailings fineness and density on the quality of cemented paste backfill [J]. 2005 (18): 41~44.

[103] 李一帆, 张建明, 邓飞, 等. 深部采空区尾砂胶结充填体强度物性试验研究 [J]. 岩土力学, 2005, 26 (6): 865~868.

[104] 邓代强, 杨耀亮, 姚中亮. 拉压全过程充填体损伤演化本构方程研究 [J]. 采矿与安全工程学报, 2006 (4): 485~488.

［105］Fall M, Samb S S. Effect of high temperature on strength and micro-structural properties of cemented paste backfill ［J］. Fire Safety Journal, 2009 (44): 642 ~ 652.

［106］Nasir O, Fall M. Coupling binder hydration, temperature and compressive strength development of underground cemented paste backfill at early ages ［J］. Tunnelling and Underground Space Technology, 2010 (25): 9 ~ 20.

［107］Mamadou Fall, Mukesh Pokharel. Coupled effects of sulphate and temperature on the strength development of cemented tailings backfill: Portland cement-paste backfill ［J］. 2010 (32): 819 ~ 828.

［108］冯巨恩, 吴超. 深井充填管道失效概率准则的模糊综合评判 ［J］. 中南大学学报（自然科学版）, 2005, 36 (6): 1079 ~ 1083.

［109］张德明, 王新民, 郑晶晶, 等. 深井充填钻孔内管道磨损机理及原因分析 ［J］. 武汉理工大学学报, 2010, 32 (13): 100 ~ 105.

［110］侯浩波, 张发文, 魏娜, 等. 利用 HAS 固化剂固化尾砂胶结充填的研究 ［J］. 武汉理工大学学报, 2009, 31 (4): 7 ~ 10.

［111］祝丽萍, 倪文, 黄迪, 等. 粉煤灰全尾砂胶结充填料 ［J］. 北京科技大学学报, 2011, 33 (10): 1190 ~ 1196.

［112］陈海燕. 金山店铁矿全尾砂胶结充填材料性能的试验研究 ［D］. 北京: 北京科技大学, 2010.

［113］宋卫东, 李豪风, 雷远坤, 等. 程潮铁矿全尾砂胶结性能实验研究 ［J］. 矿业研究与开发, 2012, 32 (1): 8 ~ 11.

［114］陈彦光. 城市化水平增长曲线的类型、分段和研究方法 ［J］. 地理科学, 2012, 32 (1): 12 ~ 17.

［115］余华中, 李德海, 李明金. 厚松散层下开采预计的概率积分法修正模型 ［J］. 焦作工学院学报（自然科学版）, 2004, 23 (4): 255 ~ 257.

［116］钱鸣高. 20 年来采场围岩控制理论与实践的回顾 ［J］. 中国矿业大学学报, 2000, 29 (1): 1 ~ 4.

［117］钱鸣高, 缪协兴, 许家林. 岩层控制中的关键层理论研究 ［J］. 煤炭学报, 1996, 21 (3): 225 ~ 230.

［118］缪协兴, 陈荣华, 浦海, 等. 采场覆岩厚关键层破断与冒落规律分析 ［J］. 岩石力学与工程学报, 2005, 24 (8): 1289 ~ 1295.

［119］魏东, 贺虎, 秦原峰, 等. 相邻采空区关键层失衡诱发矿震机理研究 ［J］. 煤炭学报, 2010, 35 (12): 1957 ~ 1962.

［120］古全忠, 史元伟, 齐庆新. 顶板煤采场顶板运动规律的研究 ［J］. 煤炭学报 1996, 21 (1): 45 ~ 50.

［121］林崇德. 层状岩石顶板破坏机理数值模拟过程分析 ［J］. 岩石力学与工程学报 1999, 18 (4): 392 ~ 396.

［122］许家林, 连国明, 朱卫兵, 等. 深部开采覆岩关键层对地表沉陷的影响 ［J］. 煤炭学报, 2007, 32 (7): 686 ~ 690.

［123］王洛锋, 姜福兴, 于正兴. 深部强冲击厚煤层开采上、下解放层卸压效果相似模拟试

验研究 [J]. 岩土工程学报, 2009, 31 (3): 442~446.

[124] 宋卫东, 杜建华, 尹小鹏, 等. 金属矿山崩落法开采顶板围岩崩落机理与塌陷规律 [J]. 煤炭学报, 2010, 35 (7): 1078~1083.

[125] 张立亚, 邓喀中. 多煤层条带开采地表移动规律 [J]. 煤炭学报, 2008, 33 (1): 28~32.

[126] 宋卫东, 徐文彬, 杜建华, 等. 长壁法开采缓倾斜极薄铁矿体围岩变形破坏机理 [J]. 北京科技大学学报, 2011, 33 (3): 264~269.

[127] 杜翠凤, 杜建华, 郭廖武, 等. 无底柱分段崩落法开采顶板围岩崩落机理 [J]. 北京科技大学学报, 2009, 31 (6): 667~673.

[128] 王金安, 赵志安, 侯志鹰. 浅埋坚硬覆岩下开采地表塌陷机理研究 [J]. 煤炭学报, 2007, 32 (10): 1051~1056.

[129] 宋卫东, 徐文彬, 万海文, 等. 大阶段嗣后充填采场围岩破坏规律及其巷道控制技术 [J]. 煤炭学报, 2011, 9 (S2): 287~292.

[130] 陈沅江, 吴超, 傅衣铭, 等. 基于修正 RMR 法的深部岩体工程围岩质量评价研究 [J]. 防灾减灾工程学报, 2007, 27 (2): 141.

[131] 喻勇, 尹健民, 杨火平, 等. 岩体分级方法在水布垭地下厂房工程中的应用 [J]. 岩石力学与工程学报, 2004, 23 (10): 1706.

[132] 宋卫东, 王金安, 匡忠祥. 程潮铁矿淹井前后采场溜井稳定性数值分析 [J]. 北京科技大学学报, 2000, 22 (4): 292~295.

[133] FLAC Users Manual. Version 3. 0. Itasca Consulting Group Inc. , 2005.

[134] 刘学增, 翟德元. 矿柱可靠度设计 [J]. 岩石力学与工程学报, 2000, 19 (1): 85.

[135] 岩小明, 李夕兵, 李地元, 等. 露天开采地下矿室隔离层安全厚度的确定 [J]. 地下空间与工程学报, 2006, 2 (4): 666.

[136] Swift G M, Reddish D J. Stability problems associated with an abandoned ironstone mine [J]. Bulletin of Engineering Geology and the Environment, 2002, 61 (3): 227.

[137] Nomikos P P, Sofianos A I, Tsourtrelis C E. Structural response of vertically multi-jointed roof rock beams [J]. International Journal of Rock Mechanics & Mining Sciences, 2002, 39 (1): 79.

[138] 金铭良. 金川镍矿的大面积开采稳定性分析与对策 [J]. 岩石力学与工程学报, 1995, 14 (3): 211~219.

[139] 于学馥, 刘同有. 金川的充填机理与采矿理论 [C]. 面向 21 世纪的岩石力学与工程: 中国岩石力学与工程学会第四次学术大会论文集, 1996.

[140] 蔡嗣经. 当代充填理论 [M]. 北京: 冶金工业出版社, 2006.

[141] 刘志祥, 刘青灵, 党文刚, 等. 尾砂胶结充填体损伤软-硬化本构模型 [J]. 山东科技大学学报, 2012 (2) 36~41.

[142] 刘志祥, 周士霖. 充填体强度设计知识库模型 [J]. 湖南科技大学学报 (自然科学版), 2012, 27 (2): 7~12.

[143] 宋卫东, 明世祥, 王欣, 等. 岩石压缩损伤破坏全过程试验研究 [J]. 岩石力学与工程学报, 2010, 29 (S2): 4180~4187.

[144] 宋卫东，赵树果，徐文彬，等. 液压支护长壁法开采缓倾斜薄铁矿体围岩变形与破坏规律研究 [J]. 采矿与安全工程学报，2012，29 (5)：707～713.

[145] 徐文彬，宋卫东，万海文，等. 大阶段嗣后充填回采顺序及出矿控制技术 [J]. 金属矿山，2011 (6)：13～15.

[146] 徐文彬，宋卫东，谭玉叶，等. 金属矿山阶段嗣后充填采场空区破坏机理 [J]. 煤炭学报，2012，6 (S1)：53～58.

[147] 何满潮，谢和平，彭苏萍，等. 深部开采岩体力学研究 [J]. 岩石力学与工程学报，2005，24 (16)：2803～2813.

[148] Ouellet J, Servant S. In-situ mechanical characterization of a paste backfill with a self-boring pressure meter [J]. CIM Bulletin, 2000, 93 (1042)：110～115.

[149] 徐文彬，宋卫东，杜建华，等. 超细全尾砂材料胶凝成岩机理实验 [J]. 岩土力学，2013，34 (8)：2298～2303.

[150] 曾照凯，张义平，王永明. 高阶段采场充填体强度及稳定性研究 [J]. 金属矿山，2010 (1)：31～34.

[151] 卢平. 制约胶结充填采矿发展的若干充填体力学问题 [J]. 黄金，1994，15 (7)：18～22.

[152] Hoek E, Brown E T. Practical estimates of rock mass strength [J]. International Journal of Rock Mechanics and Mining Science, 1997, 34 (8)：1165～1186.

[153] 蔡美峰. 金属矿山采矿设计与地压控制-理论与实践 [M]. 北京：科学出版社，2001.

[154] 王金安，李大钟，尚新春. 采空区坚硬顶板流变破断力学分析 [J]. 北京科技大学学报，2011，33 (2)：142～148.

[155] 王树仁，贾会会，武崇福. 动荷载作用下采空区顶板安全厚度确定方法及其工程应用 [J]. 煤炭学报，2010，35 (8)：1263～1268.

[156] 何忠明，曹平. 考虑应变软化的地下采场开挖变形稳定性分析 [J]. 中南大学学报 (自然科学版) 2008，39 (4)：641～646.

[157] 张成良，杨绪祥，李凤，等. 大型采空区下持续开采空区稳定性研究 [J]. 武汉理工大学学报，2010，32 (8)：117～120.

[158] 高谦. 地下大跨度采场围岩突变失稳风险预测 [J]. 岩土工程学报，2000，22 (5)：523～527.

[159] 付成华，陈胜宏. 基于突变理论的地下工程洞室围岩失稳判据研究 [J]. 岩土力学，2008，29 (1)：167～172.

[160] 赵延林，吴启红，王卫军，等. 基于突变理论的采空区重叠顶板稳定性强度折减法及应用 [J]. 岩石力学与工程学报，2010，29 (7)：1424～1434.

[161] 姜福兴，杨淑华，Xun Luo. 微地震监测揭示的采场围岩空间破裂形态 [J]. 煤炭学报，2003，28 (4)：357～360.

[162] 宋卫东，赵增山，王浩. 断层破碎带与采准巷道围岩作用机理模拟研究 [J]. 金属矿山，2004 (2)：11～13.

[163] 路世豹，李晓，马建青，等. 金川二矿区地下巷道变形监测分析及应用 [J]. 岩石力学与工程学报，2004，23 (3)：488～492.

[164] 王树仁, 何满潮, 范新民. JS复合型软岩顶板条件下煤巷锚网支护技术 [J]. 北京科技大学学报, 2005, 27 (4): 390~394.

[165] 周志利, 柏建彪, 肖同强, 等. 大断面煤巷变形破坏规律及控制技术 [J]. 煤炭学报, 2011, 36 (4): 556~561.

[166] 左宇军, 唐春安, 朱万成, 等. 深部巷道在动力扰动下的破坏机理分析 [J]. 煤炭学报, 2006, 31 (6): 742~746.

[167] 张农, 王成, 高明仕, 等. 淮南矿区深部煤巷支护分级及控制对策 [J]. 岩石力学与工程学报, 2009, 28 (12): 2421~2428.

[168] 杨军, 孙晓明, 王树仁. 济宁2#煤深部回采巷道变形破坏规律及对策研究 [J]. 岩石力学与工程学报, 2009, 28 (11): 2280~2285.

[169] 高延法, 王波, 王军, 等. 深井软岩巷道钢管混凝土支护结构性能试验及应用 [J]. 岩石力学与工程学报, 2010 (S1): 2604~2609.

[170] 孙淑娟, 王琳, 张敦福, 等. 深部巷道开挖过程中围岩体的时程响应分析 [J]. 煤炭学报, 2011, 26 (5): 738~746.

[171] 袁亮, 薛俊华, 刘泉声, 等. 煤矿深部岩巷围岩控制理论与支护技术 [J]. 煤炭学报, 2011, 36 (4): 535~543.

[172] 姜耀东, 王宏伟, 赵毅鑫, 等. 极软岩回采巷道互补控制支护技术研究 [J]. 岩石力学与工程学报, 2009, 28 (12): 2383~2390.

[173] 康红普, 王金华, 林健. 煤矿巷道锚杆支护应用实例分析 [J]. 岩石力学与工程学报 2010, 29 (4): 649~663.

[174] 李占金, 唐强达, 齐干. 鹤煤五矿深部交岔点大断面软岩巷道支护对策研究 [J]. 岩土工程学报, 2010, 32 (4): 514~520.

[175] 蔡美峰, 孔留安, 李长洪, 等. 玲珑金矿主运巷塌陷治理区稳定性动态综合监测与评价 [J]. 岩石力学与工程学报, 2007, 26 (5): 886~894.

[176] 徐文彬. 超细全尾砂胶结充填体与围岩力学作用机及应用 [D]. 北京: 北京科技大学, 2013.

[177] 张春月. 大冶铁矿全尾砂胶结充填系统料浆输送性能研究 [D]. 北京: 北京科技大学, 2013.